U0175368

人类无疑是雄居地球食物链顶端的唯一超级智慧生命，动物、植物、微生物似乎仅是伴生。生命的孕育从受精卵开始。

精子和卵子受精后形成的受精卵，是人类第一个细胞，是最原始的细胞，也是全能干细胞。这个雌雄合体的神奇干细胞，迈出的漫长生命旅途第一步，就是形成若干亚全能干细胞，继而分化为发育等级更低的各种干细胞。

正是这些种类繁多、长相各异的干细胞，在胚胎发育过程中不断分裂、增殖、分化，形成了组织、器官、系统，直至整个人体。同时，伴随整个人类生命活动过程，再生、修复、重建人体衰老、死亡、患病的组织、器官、系统，为至尊的生命保驾护航。

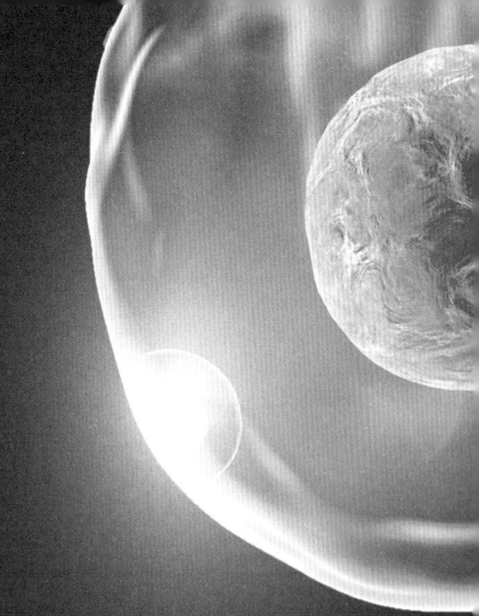

STEM CELLS

神奇的干细胞

王佃亮 著

人民卫生出版社
·北 京·

图书在版编目（CIP）数据

神奇的干细胞 / 王佃亮著 . —北京：人民卫生出版社，2022.7

ISBN 978-7-117-33112-8

Ⅰ. ①神… Ⅱ. ①王… Ⅲ. ①干细胞 – 普及读物
Ⅳ. ①Q24-49

中国版本图书馆 CIP 数据核字（2022）第 084909 号

人卫智网	www.ipmph.com	医学教育、学术、考试、健康，购书智慧智能综合服务平台
人卫官网	www.pmph.com	人卫官方资讯发布平台

神奇的干细胞
Shenqi de Ganxibao

著　　者：王佃亮
出版发行：人民卫生出版社（中继线 010-59780011）
地　　址：北京市朝阳区潘家园南里 19 号
邮　　编：100021
E - mail：pmph @ pmph.com
购书热线：010-59787592　010-59787584　010-65264830
印　　刷：北京顶佳世纪印刷有限公司
经　　销：新华书店
开　　本：710 × 1000　1/16　　印张：16
字　　数：213 千字
版　　次：2022 年 7 月第 1 版
印　　次：2022 年 7 月第 1 次印刷
标准书号：ISBN 978-7-117-33112-8
定　　价：86.00 元
打击盗版举报电话：010-59787491　E-mail：WQ @ pmph.com
质量问题联系电话：010-59787234　E-mail：zhiliang @ pmph.com
数字融合服务电话：4001118166　E-mail：zengzhi @ pmph.com

作者简介

王佃亮 教授，医学博士、博士后，知名科普科幻作家，曾为中国中央电视台导演，中国科普作家协会会员。中国科学技术协会全国首席科学传播专家（干细胞组织工程治疗学），中国医药质量管理协会常务理事、干细胞与精准医疗质量管理分会副主任，中国生物工程学会理事、干细胞与组织工程专业委员会副主任兼秘书长，国际人类基因变异组项目中国区专家委员会副主任兼秘书长。主持《中国大百科全书（第3版）》“细胞工程”内容的撰写。所著畅销科普、科幻著作多次荣获国内、国际大奖，部分被译为英文、日文、阿拉伯文等在全球发行。

出版的部分图书如下。

科普

1.《细胞与干细胞：神奇的生命科学》，2017年6月由化学工业出版社出版。荣获中华人民共和国科技部颁发的“2017年全国优秀科普作品”，2018北京国际图书博览会“BIBF遇见的50本好书”，化学工业出版社“2019年优秀图书奖”。本书被译成英文、阿拉伯文、繁体中文等语种或字体，在世界各地出版发行。

2.《细胞与干细胞：临床治疗的革命》, 2019 年 6 月由化学工业出版社出版，荣获化学工业出版社“2019 年优秀图书奖”。

3.《神秘的生命起源》，2001 年 7 月由广西教育出版社出版。

4.《干细胞：疾病、衰老、美容》，2021 年 4 月由人民卫生出版社出版。

科幻

1.《未来地球人》系列之《善恶有约》《远行之旅》《强行登陆》《星际人类》，2002 年 1 月由解放军文艺出版社出版，为畅销系列科幻小说。

2.《未来人传奇：星战前夜》，2015 年 8 月由清华大学出版社出版，为畅销系列科幻小说。

3.《未来人传奇:天外来客》，2016 年 1 月刊登于大型文学期刊《十月》，为畅销系列科幻小说。

专著

1.《干细胞组织工程技术——基础理论与临床应用》，2011 年 3 月由科学出版社出版。

2.《细胞移植治疗》，2012 年 8 月由人民军医出版社出版。

3.《生物药物与临床应用》，2015 年 3 月由人民军医出版社出版。

4.《当代全科医师处方》，2016 年 1 月由人民军医出版社出版。

5.《当代急诊科医师处方》，2016 年 8 月由人民卫生出版社出版。

6.《肿瘤科医师处方》《中医医师处方》，2018 年 9 月由中国协和医科大学出版社出版。

7.《口腔科医师处方》，2019 年 9 月由中国协和医科大学出版社出版。

8.《全科医师临床处方》，2021 年 10 月由中国医药科技出版社出版。

前　言

人类无疑是雄居地球食物链顶端的唯一超级智慧生命，动物、植物、微生物似乎仅是伴生。生命的孕育从受精卵开始。精子和卵子受精后形成的受精卵，是人类第一个细胞，是最原始的细胞，也是全能干细胞。这个雌雄合体的神奇干细胞，迈出的漫长生命旅途第一步，就是形成若干亚全能干细胞，继而分化为发育等级更低的各种干细胞。正是这些种类繁多、长相各异的干细胞，在胚胎发育过程中不断分裂、增殖、分化，形成了组织、器官、系统，直至整个人体。同时，伴随整个人类生命活动过程，再生、修复、重建人体衰老、死亡、患病的组织、器官、系统，为至尊的生命保驾护航。后来发现的高等动物、植物干细胞，也是遵循同样道理。无数令人着迷、复杂的生命现象及其奥秘，都可以通过干细胞进行解释并找到答案。

在写作过程中，笔者系统查阅了国内外大量文献资料，体现了干细胞领域的最新进展和发展趋势。

本书具有以下特点。

◆ **科学性：**笔者为中国科学技术协会全国干细胞组织工程治疗学首席科学传播专家，从事细胞与干细胞研究三十多年。主编并出版了《干细胞组织工程技术——基础理论与临床应用》《细胞移植治疗》《生物药物与临床应用》等干细胞领域科学专著。撰写并出版了《细胞与干细胞：神奇的生命科学》《细胞与干细胞：临床治疗的革命》《干细胞：疾病衰老美容》等科普图书，并获得了多项国内国际图书大奖。长期的干细胞一线研究和出书经历，保证了作品的科学性。

◆ **知识性：** 深入浅出地介绍了各种最新干细胞的概念、理论、技术和知识。

◆ **趣味性：** 讲述了一些生动有趣的神奇生命现象，如蚯蚓断腰再生、蜥蜴断尾再生、蝾螈断肢再生、植物补偿性再生等，揭示了其中干细胞相关的科学道理。

◆ **通俗性：** 内容力求通俗易懂，深入浅出。

◆ **实用性：** 涉及一些实用知识和新概念，如干细胞药物、组织工程医疗产品、干细胞饮料、干细胞护肤品、干细胞食品、干细胞功能食品等。

◆ **新颖性：** 体现本领域的最新进展，预测未来干细胞产品，讨论其他干细胞书籍极少涉及的动物干细胞和植物干细胞的应用潜力。

◆ **政策性：** 适当介绍现行国内外各种干细胞研究应用监督管理政策，正确引导干细胞领域发展。

本书适合不同人群获取不同知识信息。

◆ **大、中、小学学生：** 了解生命科学前沿概念、理论、技术和知识及发展趋势，掌握某些神奇的生命现象与干细胞的关系，认识干细胞药物及其他产品，拓展阅读视野。

◆ **生命科学工作者：** 了解干细胞领域最新进展、政策，为科研选题、产品研发提供思路。

◆ **医务人员、患者：** 了解干细胞临床移植治疗的疾病谱、干细胞药物的安全性和有效性，干细胞制剂制备及质量管理，以及干细胞移植治疗可能存在的风险。

◆ **干细胞企业职员：** 了解干细胞产品国内外研发现状和未来趋势，熟悉干细胞制剂制备及质量管理流程，认识干细胞新理论、新概念。

◆ **其他：** 对某些神奇的生命现象与干细胞的关系，以及干细胞产品感兴趣的人群，尤其是中老年人，也可阅读。

在策划出版过程中，编辑们付出了辛勤劳动，在本书付梓之际表示由衷感谢。由于时间仓促及水平所限，书中疏漏错误之处在所难免，诚盼不吝指正。

王佃亮

2022 年 2 月 16 日

于北京

目 录

STEM
CELLS

STEM CELLS

STEM
CELLS

STEM
CELLS

神奇的生命胚芽

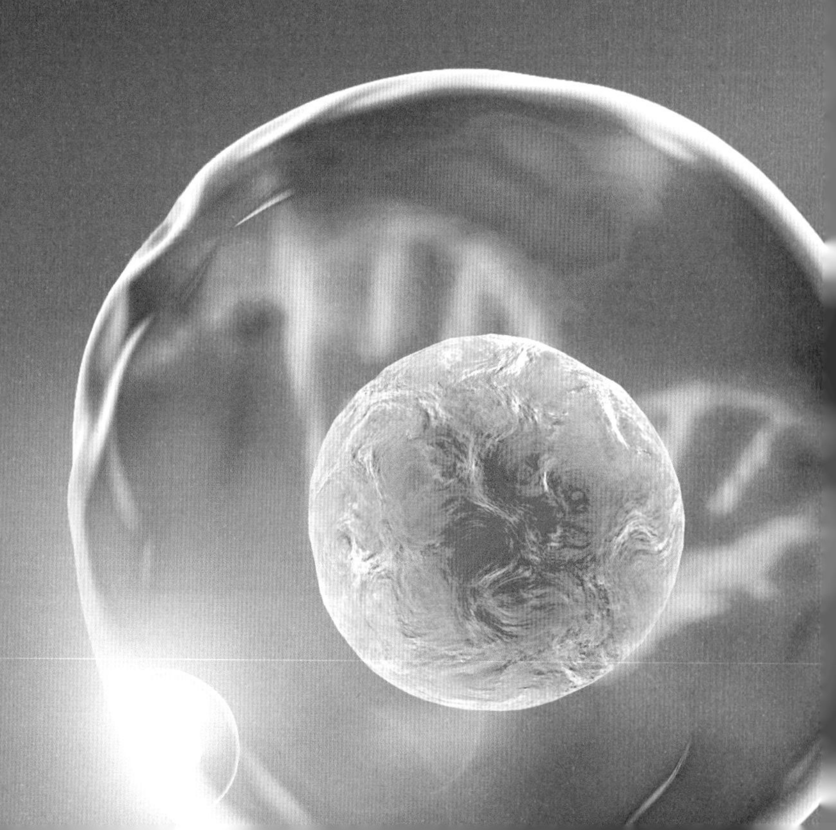

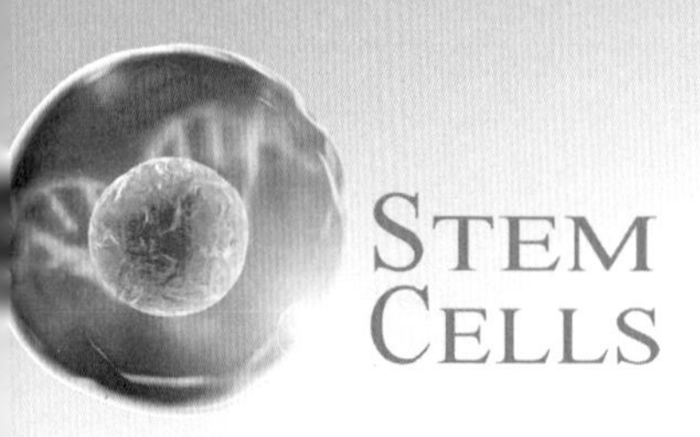

生命是什么

从外太空看地球,有时会是一颗浅蓝色的巨型“月亮”。在这颗超级蓝“月亮”上，生息繁衍着被称为“人”的高级智慧生命。之所以高级智慧，是因为人有思想。当然，一些特别聪明的动物或许也有思想，但都尚处在萌芽状态,对人根本构不成威胁。这些动物要想晋级像人一样的高级智慧生命,可能进化多少万万年都未必成功。这个星球上的人有四大种族，表现为黄、白、黑、棕四种颜色，依靠各自的遗传基因维持着这种差异。至少在太阳系中,人居于食物链的顶端,居于思想的高峰。然而,这种在动物眼里像“神”一样的生命，当长期独处，或在沙漠里长途旅行，或在荒岛上久居，或在外太空漫步，往往不禁会想：生命是什么？从哪里来？到哪里去？

从宏观到微观

迄今天文学和生命科学的研究，还没有从外太空发现任何形式的生命。传说中的外星人和外星生物，都是神话或猜测，并没有经过严格的科学证实。至少从目前看来，地球是令其他星球羡慕的生命的宠儿。整个生物圈，从大气，到海洋、湖泊、河流、沼泽，再到高山、高原、台地、丘陵、沙漠、平原、峡谷，到处都活跃着各种形式的生命。当然，有的肉眼看得见，有的肉眼看不见。

动物是生物圈最活跃的生命，天上飞的、水里游的、地上跑的，以采食植物或捕食动物而生存。世界上体积最大的动物是蓝鲸，一般体长为22~33 米，体质量为 150 000~180 000 千克。相当于约 25 只大象，或者2 000~3 000 个人的重量。

但蓝鲸不是最长的动物，最长的动物是一种名不见经传的海洋蠕虫。它是在英国海滩被发现的，长 55 米，生活在海底。虽然贵为体积最大或者最长的动物，但它们都不是寿命最长的动物。寿命最长的动物是一种属于蛤蜊类的软体动物，称为“明（Ming）”，507 岁，这种动物诞生时中国正处于明朝。

植物是自养型生物，通俗地讲，就是自己能够养活自己。动物以植物为食，或者靠扑杀其他动物果腹。例外情况是，极少数植物（相对庞大的植物种群）喜欢吃荤，如捕蝇草、猪笼草、捕虫堇、瓶子草、茅膏菜、狸藻、花柱草、土瓶草、彩虹草等，大概有 600 多种。这些食虫植物是植物园里的“明星”，深受游客们青睐。许多家庭也喜欢养来观赏。

世界上体积最大的活生物体，说起来令大型动植物羞愧，竟是一种微生物。根据维基百科记载，在美国俄勒冈州东部草莓山的马尔赫国家森林公园中，发现了一种被称为“奥氏蜜环菌”（*Armillaria ostoyae*）的巨型蘑菇，菌丝体蔓延达 8.9 平方千米，相当于 1 240 多个足球场的面积，推测约有 2 400 岁。这种巨型蘑菇单株总质量为 605 吨，超过了世界上最大的动物——蓝鲸。2003 年 4 月出版的《加拿大森林研究杂志》（*Canadian Journal of Forest Research*）报道，在美国俄勒冈州东北部蓝山地区，发现了一种致病性奥氏蜜环菌，大小约为 9.65 平方千米，相当于 1 350 个足球场的面积，年龄估计为 1 900~8 650 岁。

世界上最高的植物是澳洲杏仁桉树（*Australian almond eucalyptus*），最高达 156 米，相当于 50 层楼高。小鸟儿在树顶欢快地唱歌，树下听起来就像蚊子嘤嘤叫。真是应了那个成语——古树参天。

世界上最长的植物是波西多尼亚海草（*Posidonia Oceanica*），西班牙生物学家发现的一株长达 8 000 米。这种濒危的海藻，还拥有世界上寿命最长植物的美名，能够活到 10 万年以上，海龟（平均寿命为 175 岁，最高寿命为 300 岁）跟其根本不在一个数量级。

肉食性植物——猪笼草

与动物、植物不同，被称为“微生物”的这种生命，种族间体型相差悬殊，从巨型蘑菇——“蜜环菌”，到需要借助于电子显微镜才能看到的各种细菌、病毒，体积、长度、体质量分布跨度太大。

细菌的形状主要有球状、杆状、螺旋状，大小通常在1微米以下。病毒的形状多种多样，主要有球状、杆状、复杂形状，大小一般为10~30纳米。要知道，1纳米为百万分之一毫米。这些极其微小的生命，看不见，摸不着。

介于细菌和病毒之间的一种微生物是支原体，又称“类胸膜肺炎微生物”，大小为0.1~0.25微米，1微米为千分之一毫米。其外表像汤圆，有时呈丝状或分枝状，最小的体积仅有一般细菌的千分之一。支原体是世界上最小，也是最简单的细胞，像动物细胞一样没有细胞壁，寄生在人和动物体内，多数不致病。少数可引起肺炎、尿道炎、盆腔炎、输卵管炎等疾病。

病毒、细菌的最长寿命不好说，因为休眠状态的病毒、细菌，只要环境条件允许，可以无限期存活。科学家们发现的一种称为“玛士撒拉小虫”的细菌，寿命可达2.6亿年，远非人、动物、植物能比拟的。

新物种的来源

生物的种类丰富多样。迄今科学家已发现并记载的生物有 200 多万种，包括动物 150 多万种、植物 30 多万种、微生物 10 多万种。地球上物种的真实情况，恐怕要远远大于这个数字，因为还有太多物种没有被发现。我们都已经习惯了，经常有新物种被报道出来。

有多种途径可以产生新物种

• 物种自身基因变异，包括基因在复制过程中发生的极小概率的碱基配对错误、环境因素（物理因素如辐射、化学因素如亚硝胺、生物因素如病毒等）诱导的基因突变、细胞分裂过程中发生的极小概率的染色体复制和分离错误等。

• 不同物种间杂交。由于存在物种间生殖隔离，如马和驴交配后产生的骡子，不能生育。只有亲缘关系较近的物种杂交才能产生有繁殖能力的后代，如两种甜瓜（羊角蜜、绿宝石）之间的授粉，白种人和黑种人通婚，都能产生有生育能力的基因，不同于亲代的子代。

• 转基因、克隆等传统技术和胚胎干细胞、基因编辑等新兴技术。通过基因操作和胚胎干细胞、克隆技术，可以快速改变物种基因，诞生新物种，并且可对新物种基因进行优化。相比，通过物种自身基因变异，不同物种间杂交，再经自然选择，诞生新物种，多数情况下要经历漫长的时间。

在地球上，每天都会有新物种诞生，也会有新物种灭绝，这就是物种更迭。在热带雨林里，物种间的生存竞争激烈，物种更迭的速度也会更快一些。以前一些常见的动植物，由于环境、人为等因素，已经极度濒危，变成了国家保护动植物，只有在动物园、植物园里才能看到。

动植物死去后，最终被微生物分解利用，回到自然界的物质循环。

那些灭绝的动植物，成了一个个鲜活的生命记忆。远古时期灭绝的动植物，经过漫长地质历史时期的演化，有的变成了化石，躺在自然博物馆里供人们观看。我们看到了从没有看到过的大大小小的生物:三叶虫、恐龙、黄河象、剑齿虎、猛犸象、披毛犀、硅化木等。

史前动植物幸存下来的也有，如植物活化石有水杉、银杏树、珙桐、香果树等，动物活化石有鸭嘴兽、大熊猫、中华鲟、扬子鳄、鹦鹉螺、鲎、树袋熊（考拉）等。

现实环境中，一些曾经灭绝的动植物再度出现，是因为长时间出现了适合这些灭绝的动植物生存的环境。

有人不禁要问，史前动植物既然灭绝了，应该不可能繁衍后代了，怎么会又出现呢?

这种现象不难解释，一些植物种子、动物受精卵，在环境变得恶劣时，会诱导基因启动休眠程序。在休眠状态下，植物种子、动物受精卵会被长期保存，直到遇到合适环境，种子启动萌发，受精卵启动发育。

一些史前时期的细菌、病毒，被埋在北极地区厚厚的冰层下，处于休眠状态。一旦这些厚厚的冰层，由于温室效应而融化，这些休眠的细菌、病毒便被释放出来，并处于活动状态。由于现代人从没有接触过这些细菌、病毒，对它们没有免疫力，会有致命危险，需要引起高度警惕。人们应该自觉保护环境，减少大气中的碳排放，控制北极地区温度继续升高。

随着干细胞、基因、克隆、胚胎发育等技术的不断成熟，史前动物也可能被科学家从实验室里复活出来，供人们研究、观赏，同时也可大量繁殖濒危动植物，使它们免遭灭绝。

生存竞争

地球上的生物种类繁多,生存压力大。动植物间是“吃”与“被吃”的关系，学术上称为“捕食者”与“被捕食者”。众多动植物间的这种关系构成了食物链，这是大自然中一种看不见摸不着的链条。不同物种间的食物链错综复杂，彼此交织成网状，称为“食物网”，每一个物种都是这张大网上的一个“结”。

动植物和微生物间，有共生，也有寄生。这两种关系，既可能对动植物有利，也可能有害。譬如根瘤菌和大豆共生，根瘤菌可以从大豆中取得生存需要的营养，大豆也可以利用根瘤菌固定的“氮”作为营养，这是互利共生。菟丝子和大豆则是寄生关系，菟丝子从大豆体内吸取水分和营养，维持自身生存，还遮住了光线，影响大豆的光合作用，不能为大豆生长提供任何营养。

有时候，共生和寄生可以转化，如大肠杆菌。正常情况下，大肠杆菌和人体是共生关系。大肠杆菌可抑制肠道内有害微生物生长，分解食物，帮助消化，合成维生素 B 和维生素 K，供人体利用；人体为大肠杆菌提供居住场所和食物。然而，当大肠杆菌从肛门进入尿道口，就会引起尿道感染，此时大肠杆菌和人体的关系就变为寄生。扁平疣和瘊子就是寄生在人皮肤里的人乳头瘤病毒（human papilloma virus，HPV）所致，既影响美观，又影响健康。

物种要生存，就要学会适应。捕食者要有相应武器和快速反应和攻击能力，譬如老虎的快速反应和攻击能力很强，有锋利的牙齿，强有力的爪子，舌头上长着倒刺，便于舔干净猎物骨头上的碎肉；毒蛇有尖尖的牙齿和毒液；啄木鸟有坚硬的长喙。被捕食者就要善于奔跑、伪装、隐藏，如变色龙变色、竹节虫拟态、毒蘑菇有警戒色等。不能适应的物种，就会在激烈的生存竞争中被淘汰，从而灭绝。

保证自身物种不被灭绝是天赋权利。物种要想生存繁衍，在任何时候，学会分辨敌人和朋友都是极为重要的生存法则。若是敌友不分，将有变成食物的危险。

许多动物有了简单的社会意识。譬如蜜蜂，社会分工明确。蜂王专职产卵，繁衍后代；雄蜂只是负责与蜂王交配；工蜂负责采花酿蜜。灵长类动物甚至有了等级观念，譬如猴子。笔者有一位研究员朋友，是动物生态学家，在中国科学院工作，曾多年隐居峨眉山，观察研究猴子的日常生活行为，并用摄像机录下来，几年下来，获得了大量一手资料。有一次，他来北京出差，我请他吃饭。我说，在峨眉山观察猴子这么多年，得道升仙了吧。他说，没有，猴子跟人类一样，也存在竞争。接着用了大量描写人类行为的语言，娓娓讲述猴子的故事，用《红楼梦》中的人物代替现实中的猴子，听后不禁让人捧腹大笑。

以伦理道德绑架和指责低级物种是一种处于自身生存需要的自我保护行为。譬如，一匹十几天没有进食的草原饿狼，忍不住在一天夜里偷食了牧人家的小羊羔。牧人们发现后，纷纷指责大恶狼没有人性，连羊宝宝都不放过。其实，在狼的世界里，小羊羔仅仅是食物而已，其他什么也不是。这就是物种间生存竞争的残酷性。

细胞形态的生命

1938 年，德国植物学家马蒂亚斯 · 雅各布 · 施莱登（Matthias Jakob Schleiden）发现，植物体都是由细胞组成的。翌年，德国动物学家西奥多·施旺（Theodor Schwann）发现，动物体也都是由细胞组成。施莱登和施旺共同创立了细胞学说，被誉为 19 世纪自然科学三大发现之一。大多数肉眼可见的生物都是由多种细胞组成的，称为多细胞生物，如羊、鸡、鱼、玉米、棉花、西红柿等。

动物细胞、植物细胞都有细胞膜、细胞质、细胞核，其中细胞核由双层核膜包裹着，里面有核液、核仁、染色体。细胞核与细胞质界限清晰，各自独立。这样的细胞称为真核细胞。动物体、植物体都是由真核细胞组成的，所以动物、植物都是真核生物。动物细胞、植物细胞也有明显区别，植物细胞有细胞壁、液泡、叶绿体，动物细胞则没有。除动植物外，真核生物还包括真菌，这个大家族的成员有酵母、霉菌、块菌、菌菇类等，总数有 12 万种之多。与动物细胞一样，真菌细胞没有叶绿体，不能进行光合作用。

酵母菌细胞本身就是独立生活的个体，是单细胞生物。还有一些真核单细胞生物，比如人们很熟悉的矽藻，是生活在湖泊海洋中的浮游藻类，身体呈褐色，又称褐藻；变形虫，又称阿米巴，生活在清水池塘、水流缓慢且藻类较多的浅水、人体肠道等处，寄生于人体时会使人感染发病；眼虫，生活在含机质丰富的水沟、池沼、缓流等处，既像植物细胞，有叶绿体，能光合作用，又像动物细胞，能随意运动，是一种富有科幻色彩的动物，又称裸藻，绿虫藻。

与真核细胞不同，原核细胞更小，一般为 1~10 微米，仅为真核细胞体积的 1/10 000~1/10，需要借助于高倍光学显微镜（油镜）或电子显微镜才能看到。原核细胞没有核膜、核仁，只有核区，称为拟核。遗传物质（DNA）存在于核区中，没有双层核膜包裹。原核生物比较原始，都是单细胞生物。原核生物包括细菌、放线菌、古细菌、蓝藻（蓝细菌）、衣原体、支原体和立克次氏体。不少原核生物是人类病原体。然而有些原核生物对人类有益，如青霉菌、链霉菌、诺卡氏菌等，用于发酵工业，生产抗生素。

不管是真核生物还是原核生物，也不管是多细胞生物还是单细胞生物，都是细胞形态的生命。这种生命形式，最大的特点就是能够独立生活。

分子形态的生命

病毒是地球上恐怖的物种之一，包括人类免疫缺陷病毒、流行性感冒病毒、埃博拉病毒、登革热病毒、狂犬病毒、乙型肝炎病毒、轮状病毒、严重急性呼吸综合征冠状病毒（severe acute respiratory syndrome Coronavirus，SARS-CoV）、新型冠状病毒等，种类繁多。有些病毒非常神秘，看不见，摸不着，却能传播瘟疫，造成大量人口感染发病，甚至死亡，即使侥幸治愈，有些患者也会留下后遗症。1918 年的西班牙大流感，造成 5 亿人感染，2 500 万 ~4 000 万人死亡。当时全球人口仅有约 17 亿人，死亡率为 2.5%~5%。一些流感患者治愈后，患上了严重的心脏性疾病、神经精神性疾病等后遗症，余生苦不堪言。不少人经不起病痛的折磨，选择自杀。

跟寄生虫类似，病毒是一种寄生物，只是肉眼可见的寄生虫寄生在肉眼可见的人体内，肉眼不可见的病毒寄生在肉眼不可见的细胞内。寄生在动物细胞内的称为动物病毒；寄生在植物细胞内的称为植物病毒；寄生在细菌细胞内的称为细菌病毒，又称“噬菌体”。按照所含遗传物质种类，病毒分为 DNA 病毒和 RNA 病毒，又可细分为单链 DNA 病毒、双链 DNA 病毒、单链 RNA 病毒、双链 RNA 病毒。

组成病毒的生物大分子包括核酸、蛋白质、脂类和糖类。最复杂的病毒含有核酸、蛋白质、糖类、脂类，如流感病毒的组成成分是核酸（单股负链 RNA，即“ss-RNA”，储存病毒遗传信息）、蛋白质（核蛋白、RNA 多聚酶、膜蛋白、基质蛋白、血凝素、神经氨酸酶，参与病毒结构维持、RNA 转录以及病毒粒子组装、释放、识别和侵入宿主细胞）、脂类（磷脂双分子层，来自宿主细胞膜）、糖类（血凝素、神经氨酸酶都是糖蛋白，参与识别、侵入宿主细胞）。有些病毒含有蛋白质、核酸，如烟草花叶病毒的组成成分是核酸（单股正链 RNA，即“ss+RNA”，储存病毒遗传信息）和蛋白质（蛋白质外壳包裹着核酸，对核酸起保护作用，同时维持病毒结构）。还有些病毒更简单，仅含有核酸或蛋白质。类病毒是一种有传染性的环状闭合的单链 RNA，分子量约 105 道尔顿，又称“感染性 RNA”。通过高等植物表面机械损伤感染，表现出一定症状，并通过花粉和种子进行传播。

本来病毒就是寄生物，可拟病毒竟敢寄生在病毒体内，真是道高一尺魔高一丈。拟病毒是一类包裹在真病毒粒子中的缺陷类病毒，仅由裸露的 RNA（300~400 个核苷酸）组成，又称“类类病毒”“卫星病毒”“微型 RNA”。更为不可思议的还是朊病毒，传染性极强，却没有遗传物质核酸。朊病毒又称“朊粒”，是一类能侵染动物细胞并在里面复制的小分子无免疫性疏水蛋白质，分子量 2.7 万 ~3 万道尔顿，大小为 30~50 纳米。由于实在太小，连电子显微镜都观察不到病毒粒子结构。朊病毒是疯牛病的病原体，故又称“感染性蛋白质”。疯牛病跟狂犬病一样致命，发源于英国的牧场。

病毒是分子形态的生命，只能寄生在活细胞内进行生命活动。需要借助于活细胞内的设施和原料，大量复制自己，繁衍后代，维持物种生存。这种生命形式的最大特点是不能独立生活，或者说只是半条生命。

生命的本质

吃喝拉撒睡，是人的基本生命活动，在此基础上，从事更高级的生命活动，如繁殖、学习、工作、锻炼、休闲等。通过吃、喝、吸气（呼吸），获得组成人体需要的物质，再通过拉、撒、呼气（呼吸）、排汗，排出体内不需要的废物，周而复始，形成人体的物质循环，生命科学家称为物质代谢。生命活动需要的能量来自吃喝进人体的动物性或植物性食物，食物中的能量最终来自绿色植物固定的太阳的光能。然而人体结构决定了不能直接利用太阳的光能，需要转化为食物中储存的化学能，才能被可控地利用。人体物质循环过程中，伴随着能量循环，学术上称为能量代谢。

依靠储存在食物中的化学能，为人体各种生命活动提供动力，就像汽车靠燃烧汽油、柴油提供动力一样。食物中的能量，最初固定在绿色植物通过光合作用合成的葡萄糖中。通过物质代谢中的一系列生物化学反应，葡萄糖中的能量又被转移到其他糖类、蛋白质、脂肪等生物大分子中。脂肪成了储存能源的仓库，在长时间饥饿时会被动用。

糖类、蛋白质、脂肪中的能量是怎样被利用的呢?

原来人体细胞内有一些动力工厂，称为“线粒体”。线粒体与汽车发动机有些类似，生物大分子中储存的能量通过一系列生物化学反应，在这里被以腺苷三磷酸（adenosine triphosphate，ATP）形式释放出来，供给各种生命活动需要。

生命的本质就是这些能量代谢。当然，能量代谢以物质代谢为依托。没有物质代谢，就没有能量代谢。

地球上也有例外。个别生物，生命活动的能量不是来自太阳的光能，如硫化细菌，包括排硫硫杆菌、氧化硫硫杆菌、脱氮硫杆菌、氧化亚铁硫杆菌等，依靠氧化硫化物获得能量。硫化物中的能量属于化学能，跟太阳能没有关系。科学家发现，太平洋海底火山喷口附近，生活着大量红色的多毛虫、大螃蟹，以细菌为食物。这些生物，生命活动需要的能量，最终不可能来自太阳的光能。

这些特殊的生命形式，对于寻找外星生命，具有启发意义。

碳基生命以外的生命形式

迄今地球上发现的生物，都是碳基生命，或称“碳基水基生命”。组成地球生物的蛋白质、核酸、糖类、脂类等生物大分子，都是以碳元素作骨架。在生命活动过程中，通过物质代谢和能量代谢进行的一系列酶催化的生物化学反应，都是以水为介质进行。地球生命，离不开水，水是生命之源。

处于对迥异于地球环境的其他星球的强烈好奇，美国著名化学家、科普科幻作家艾萨克·阿西莫夫（Isaac Asimov）提出了六种生命形式，碳基水基生命仅是其中之一。硅基生命的概念，是1891年波茨坦大学的天体物理学家儒略·斯坦纳（Julius Sheiner）最早提出来的，之后被英国化学家詹姆士·爱默生·雷诺兹（James Emerson Reynolds）所接受。硅基生命成了许多科幻小说中的主人公，但是并没有经过科学证实。相反，硅基生命的概念面临着许多挑战，还存在不少争议。

由于认识的局限，人们甚至还不清楚，地球上有没有碳基生命以外的生命形式，譬如在深海区、陆地深处、南北极厚厚的冰层下。至于人们对外太空其他星球的了解，就更少，幻想的成分多。

> 对于生命形式的认识，不应局限于已知的碳基生命，以及猜测的硅基生命、硼基生命、磷基生命、硫基生命等。应该基于新的科学认识、科学理论、科学线索，探索碳基生命以外的生命形式。

生命来自哪里

地球上的生命最初来自哪里呢?

这是古今中外科学家们一直在努力解决的重大科学问题。但是，迄今为止，还没有完全解决。关于生命起源的猜测和假说倒是不少，不过，都存在或多或少的争议。目前，科学界倾向于地球上的生命在地球上起源并逐渐进化。随着天文学研究的深入，以及地外文明探索技术的进步，不少科学家相信，地球生命来自地球以外广袤的宇宙空间。

地球起源

探索地球上生命起源，不得不先介绍一下地球起源。跟生命起源一样，地球起源也是重大的科学问题。有不少理论和假说，解释地球起源。

其中地球起源现代假说，由中国地质学家江发世，在发表的《论地球起源与演化》一文中提出，认为地球起源于太阳系外的宇宙空间。在大约46亿年前，地核捕获太空中游弋的固态、气态、液态物质形成原始地球。距今5.4亿年左右，在太阳系外运动的原始地球，有幸被太阳捕获，使这个“流浪儿”终于有了家，成为太阳系大家庭中的一员。围绕太阳运动后，地球上有了阳光，有了昼夜，有了四季。由于太阳引力作用，地球自西向东旋转，地壳开始变化，形成了高山、高原、沟谷、洼地、盆地、平原。适宜的环境，使原始地球上生物开始爆发式出现。

德国古典哲学创始人伊曼努尔·康德（Immanuel Kant）、法国数学家和天文学家皮埃尔-西蒙·拉普拉斯（Pierre-Simon Laplace）等，提出了地球起源早期假说，认为地球在太阳系内起源。大约46亿年前，宇宙中一片巨大氢分子云，在引力作用下，发生坍缩，主要质量向中心集中，形成了太阳；其余部分，边旋转，边摊平，发育成一个原行星盘，进而形成了行星、卫星、流星和其他小天体。

根据康德在《宇宙发展史概论》中提出的星云假说，原始地球形成于吸积坍缩后剩下的一个直径为1~10千米的块状物，里面含有气体、冰粒和尘埃。宇宙中的小行星、彗星、原行星不断撞击着原始地球：一方面，由于滚雪球效应，原始地球的体积越来越大；另一方面，天外来客们撞击的巨大动能，不断转化为热量，储存在原始地球内部，使原始地球温度越来越高。原始地球表面流动着炽热的岩浆，到处是火山喷发，炼狱般的世界，不可能有生命。后来，原始地球表面开始冷却、凝固，形成了坚硬岩石。火山喷发释放的气体形成了大气，主要成分是水蒸气、二氧化碳、氨气、氢气。地球内部水分蒸发，加速了地球表面冷却。经充分冷却后，原始地球上开始连续降暴雨。大雨下了成千上万年，雨水灌满了沟谷、盆地，形成了原始海洋。

原始地球上水的来源，一部分是原始地球本身就有的，另一部分是撞击原始地球的小行星、彗星、原行星带来的水、水蒸气和冰。原始海洋诞生后，大大改善了原始地球环境，生命开始孕育。

生命在地球上诞生

在原始地球上，由于长期连续降暴雨，大气中大量二氧化碳被溶解，随雨水汇聚到原始海洋里，最终改变了大气成分。不像现在的大气，含氧量丰富，原始大气是还原性。

1953 年，美国芝加哥大学研究生斯坦利 · 劳埃德 · 米勒（Stanley Lloyd Miller），在其导师宇宙化学家、1934 年诺贝尔化学奖获得者尤里（Harold Clayton Urey）教授指导下，进行了模拟原始地球大气，探索生命起源的合成实验，即著名的“米勒实验”。

米勒假设，生命起源之初，原始地球大气主要是氢气、氨气、水蒸气、甲烷等还原性气体。通过模拟原始地球大气成分和大气中闪电现象，最终合成了氨基酸等生物小分子。米勒实验也存在缺陷：一是原始地球大气成分只是猜测；二是各种气体比例和放电能量也不一定符合实际。然而，迄今还没有更好的实验模型出现。

米勒实验，直接验证了苏联生物化学家亚里亚大 · 伊万诺维奇 · 奥巴林（Alexander Lvanovich Oparin）1922 年提出的地球上生命起源的化学起源说。这个学说，至今仍被学术界普遍接受。奥巴林于 1924 年出版《生命起源》一书，1936 年出版《地球上生命的起源》一书。

化学起源说，将生命起源分为四个阶段。

◆ 第一阶段，出现有机小分子。

受尤里启发，米勒设计了一套玻璃仪器装置。球形的玻璃容器里模拟的是原始地球大气。在实验中，通过把烧瓶里的水煮沸，模拟原始海洋蒸发现象。球形电火花室里，外接高频线圈，通过电极连续火花放电，模拟原始地球大气里的闪电现象。实验一周，让米勒颇为惊喜的是，产生了近10种氨基酸。氨基酸是动植物体内普遍存在的重要的两种生物小分子之一，是构成执行生命结构和功能的物质——蛋白质的零件。另一种在动植物体内普遍存在的最重要的生物小分子是核苷酸，是构成储存生命遗传信息的物质——核酸的零件。遗憾的是，米勒实验没有能够合成这种物质。

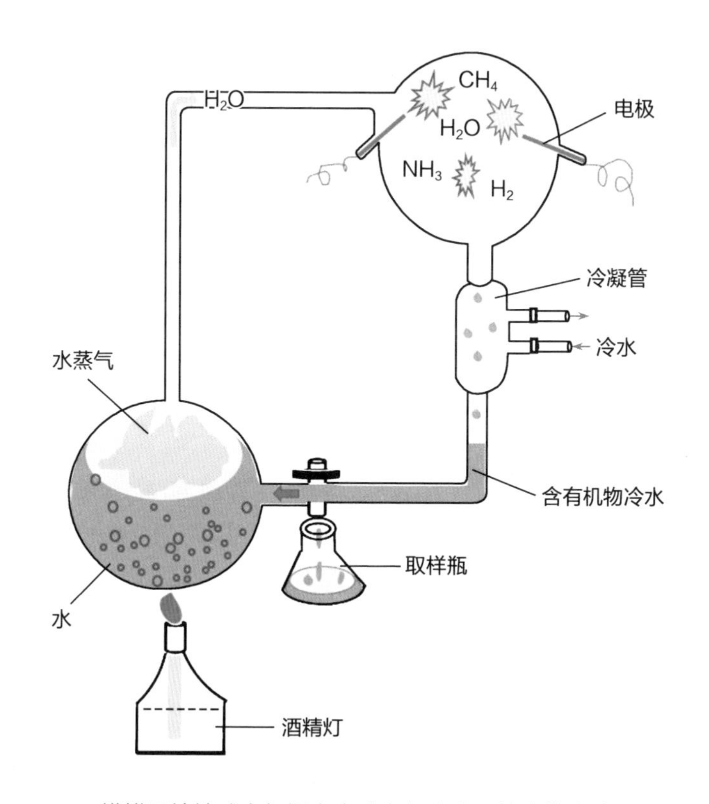

模拟原始地球大气闪电合成有机小分子的米勒实验

1961 年，美籍西班牙裔生物化学家朱安·奥罗（Juan Oro），在原始大气中添加氰化氢、甲醛后，不仅得到了氨基酸，还得到了合成核苷酸的原料——腺嘌呤、核糖、脱氧核糖。

1982 年，北京大学王文清教授，在甲烷、氨气、氮气、水蒸气的混合气体中首次加入三氢化磷。理由是：第一，磷是遗传物质核酸的重要成分；第二，1974 年在木星大气层中探测到了三氢化磷。实验取得了满意结果。放电后，有三氢化磷的实验组，产生了 19 种氨基酸；没有加三氢化磷的对照组，仅产生了 6 种氨基酸。

在原始地球上，有机小分子出现具有重要意义，实现了从无机界到有机界的跨越，具有里程碑式的重要意义。

◆ 第二阶段，产生生物大分子。

在原始地球上，由于闪电、紫外线、火山喷发等作用，合成了大量氨基酸和核苷酸。这些有机小分子，随雨水降落到了原始的海洋和陆地上。随后陆地上的大部分有机小分子，也随雨水汇聚到了原始海洋里。

在原始海洋里，大量有机小分子被吸附到含有矿物质的黏土周围。在钠、镁、铜、锌等金属离子催化下，许多氨基酸分子通过缩合反应，脱去水分子，连接在一起，生成更为复杂的分子，即蛋白质分子。同样，许多核苷酸分子通过聚合反应，脱去水分子，连接在一起，生成更为复杂的分子，即核酸分子。

有意思的是，朊病毒是蛋白质分子，类病毒、拟病毒是核酸分子，烟草花叶病毒是蛋白质和核酸分子。是不是原始地球上出现蛋白质和核酸分子后，生命就算诞生了呢？答案是否定的。因为朊病毒、类病毒、拟病毒这种分子形态的生命，离开活细胞后，还不能独立生存。

然而令人兴奋的是，生物大分子核酸、蛋白质产生后，生命的曙光就出现了。

◆ 第三阶段，组成多分子体系。

任何生物都需要繁殖，否则物种就会灭绝。单个蛋白质、核酸分子，无法将传宗接代需要的营养物质聚集在自己周围。要想传宗接代，就必须形成具有一定形态结构的实体。

在原始海洋里，随着时间推移，蛋白质、核酸分子的浓度越来越高。由于水分蒸发、黏土吸附等作用，这些生物大分子被浓缩分离出来，聚集成小滴，漂浮在原始海洋中。这些小滴外面有一层界膜，与周围的海洋环境分开，是一个独立的体系——多分子体系。

具有一定形态结构的多分子体系，是一个开放系统，可以与外界环境进行物质、能量、信息交流。只是此时，原始生命还没有诞生。

◆ 第四阶段，原始生命诞生。

多分子体系出现后，经过长期不断进化，特别是蛋白质、核酸之间的相互作用，终于诞生了能够新陈代谢和繁殖的原始生命。从多分子体系进化出原始生命，是生命诞生最为关键的一步，迄今还无法在实验室里进行验证。

地球上最先出现的原始生命，应该是像细菌、蓝藻一样的单细胞原核生物。原始生命诞生前，从非生命的无机物进化出原始生命，属于化学进化。也就是说，地球上生命的诞生是化学进化的结果。原始生命诞生后，从原核细胞（如蓝藻细胞）进化出真核细胞（如绿色开花植物细胞），从单细胞生物（如草履虫）进化出多细胞生物（如水螅），属于生物进化。

生物进化是更为高级复杂的进化。

生命来自外太空

地球生命不是起源于地球自身，而是来自外部宇宙空间。这一说法相当大胆而富有想象力，但是却有科学依据。

在广袤的宇宙空间，漂浮游弋着由气体和尘埃组成的星际云，体量非常之大，大到令人难以想象。在星际云里，已经发现了120多种星际分子。包括氨基酸、氨气、一氧化碳、二氧化碳、甲醛、甲烷、嘌呤、嘧啶、乙醇、乙酸、乙烯、丙酮、甲乙醚等地球上常见的分子。还发现了地球上尚未发现的分子，如多炔氰分子（HC_5N、HC_7N、HC_9N、$HC_{11}N$）。仅星际云里的乙醇含量，就大大超过了地球上每年酿造的酒的数量。天上美酒，经过天文时间的长期酿造，说不定异常美味。

宇宙中如此丰富的有机分子，怎样从遥远的外太空来到地球呢？

这与陨石有关。

陨石是外太空中的小行星、流星、彗星进入地球大气层剧烈燃烧后陨落到地球上的残骸，又称“陨星”。有一种陨石称为“碳质球粒陨石”，科学家从中发现了大量有机物，包括氨基酸、氨、嘌呤、嘧啶、卟啉、烷烃、芳香烃等。这些有机物属于生物分子，是组成生物体的原料。

彗星堪称生命的使者，俗称“扫把星”，像一个脏雪球，主要由水、二氧化碳、甲烷、氨、氰、氮等物质组成。彗星中心的固体部分是彗核，由冰、干冰（二氧化碳）、氨、岩石、尘埃等物质组成。当彗星进入大气层后，因剧烈摩擦产生的热量，使彗核里大量的冰和水蒸发，降低了温度，有效地保护了所含的有机物不被破坏。所以，有人说，是彗星把生命的种子带到了地球。

早在 1907 年，瑞典化学家斯万特 · 奥古斯特 · 阿伦尼乌斯（Svante August Arrhenius）就提出，第一批地球生命可能来自天外。人们把这一学说称为“泛孢子论”。

阿伦尼乌斯认为，宇宙中到处存在生命孢子，在恒星光芒的推动下，孢子在浩渺的太空中漫无目的地游弋，直至飘落到某个星球上，在合适的环境条件下，萌发形成生命。

“泛孢子论”在当时学术界得到了广泛认可，包括大科学家尤里和奥罗都是忠实粉丝。然而，这个理论却遭到了苏联生物化学家奥巴林的坚决反对。奥巴林认为，地球生命从地球上起源，而不是从外太空进口。

如今，已有越来越多的天文学家、化学家、物理学家、生物学家相信，地球上生命的胚芽，完全有可能来自外太空，尽管生命起源仍是未解之谜。

干细胞之母

地球上生命诞生后，开始了漫长进化，生物种类和数量呈现快速增长。同时新物种不断产生，旧物种不断灭绝，实现着物种更迭。在种类繁多的生物中，人类居于食物链顶端，是地球上唯一的高级智慧生命。为了种族延续，人类进行有性生殖，子代继续了父母双亲的优秀基因。人类胚胎发育从受精卵开始。受精卵是干细胞之母，生命的种子。人体内所有干细胞都是从受精卵发育衍化而来。

受精卵

卵子精子结合的过程称为受精，在结合过程中形成的合子称为受精卵。受精通常在输卵管壶腹部进行，然后受精卵迁移，植入子宫。例外情况是，试管婴儿在体外试管中受精，再通过胚胎移植技术植入子宫。精子卵子都是单倍体细胞，受精卵则是二倍体细胞。正常干细胞也是二倍体细胞。从遗传角度，二倍体细胞较单倍体细胞更加稳定。

受精卵中的细胞质来自卵细胞（卵子），精细胞（精子）只是贡献了细胞核。线粒体仅存在于细胞质中，而且，线粒体里有少量遗传物质 DNA，这就解释了线粒体为什么是母系遗传。通过比较不同物种的线粒体基因，可以研究物种间亲缘和进化关系。

受精卵能够通过卵裂进行自我复制，同时能够分化为其他类型细胞。从这方面讲，符合干细胞定义，受精卵是干细胞。只是受精卵这个干细胞非常特殊，能够发育出完整的人类个体，是地道的生命胚芽，也是完美的传统意义上的生命种子。其他类型的干细胞都望尘莫及。

从受精卵开始，经过一系列发育分化，逐步形成胎儿，最后娩出子宫。从这个角度讲，受精卵是生命的原点，是最原始的干细胞。

全能胚胎干细胞

发育等级仅次于受精卵的全能胚胎干细胞，是从受精卵分裂而来，体积较小。可以分化为亚全能胚胎干细胞，具有发育分化为完整个体的潜能。跟受精卵一样，是传统意义上的生命种子。

通过卵细胞早期的快速有丝分裂，将体积巨大的卵细胞质分割成若干体积较小的有核细胞的过程，称为卵裂。卵裂可以通俗地理解为卵细胞分裂，是胚胎发育的起始。由于卵裂，新生细胞数量呈现指数增长，2^1、2^2、2^3……2^n，然后发育成桑椹胚。顾名思义，就是形状像桑椹的一团细胞，数量大概有 16 个。桑椹胚继续发育，细胞开始出现分化，逐渐形成囊胚。其中体积较大、聚集在胚胎一侧的一些细胞，称为内细胞团（inner cell mass，ICM），将来发育成胎儿的各种组织。体积较小、沿透明带（囊胚期出现的位于卵细胞外面的一层非细胞成分的膜）内壁扩展排列的一些细胞称为滋养层细胞（trophoblastic cell），将来发育成胎盘和胎膜。胎膜又称“胎衣”，包括脐带、羊膜、绒毛膜、卵黄囊和尿囊。

囊胚期前，从受精卵到卵裂期 32 细胞前的所有细胞，由于具有发育成完整个体的能力，称为全能胚胎干细胞，或称“全能干细胞”。这种干细胞，不仅能分化为体内任何组织细胞，更重要的是，能发育形成完整个体，其他除受精卵外任何干细胞都没有这个能力。每个胚胎全能干细胞跟受精卵一样，能够发育为完整个体。如果单独分离出来，每一个都可以在体外发育成完整胚胎，然后挑选健康胚胎进行体内移植，这种技术可用于优生优育。

通常，试管婴儿移植的是卵裂期 8~16 细胞的胚泡，用导管把胚泡注入子宫底部，每次移植 3~4 个受精卵，以提高妊娠成功率。体外受精 3 天，卵裂期 8~16 细胞时，胚胎发育尚处于桑椹胚期，每个细胞都是全能胚胎干细胞，保证了胚胎发育效果。

试管婴儿也可以移植体外受精 5 天的囊胚期胚胎，由于胚胎较大，更容易选择健康胚胎，移植 1~2 个胚泡，以避免多胎妊娠风险。

亚全能胚胎干细胞

从全能胚胎干细胞分化而来，发育等级仅次于全能干细胞，可以继续分化为多能干细胞。保留了向三个胚层（外胚层、中胚层、内胚层）细胞分化的能力，但不能发育成完整个体。

在人体内，亚全能胚胎干细胞是除受精卵和全能胚胎干细胞外，发育分化能力最强的干细胞家族，通常从囊胚期胚胎的内细胞团获取。许多人把亚全能胚胎干细胞误以为是全能胚胎干细胞，认为凡是胚胎干细胞，都是全能干细胞。这是不对的，需要引起注意。

在利用亚全能胚胎干细胞临床试验研究时，需要从受精卵发育第14天前的胚胎获取。这样的早期胚胎，由于没有发育出感觉神经等结构，从生物学意义讲，仅是一团“细胞”，还不是“人”，能够避免伦理争议。这就是20世纪70年代科学家和伦理学家达成的规则，俗称“14天规则”。

只要符合“14天规则”，就可以分离制备亚全能胚胎干细胞。现在国内外许多生物医学家都在研究应用亚全能胚胎干细胞，还建立了专门的胚胎干细胞库。

临床试验研究表明，亚全能胚胎干细胞对许多疾病有治疗效果，包括帕金森病、视网膜色素变性、阿尔茨海默病（俗称“老年痴呆”）、糖尿病、心肌梗死、多发性硬化症、肝硬化、冠心病、肿瘤、肾衰竭等。

多能干细胞

多能干细胞是从亚全能胚胎干细胞发育分化而来的，既不能发育分化成完整个体，也不能发育分化成全部三个胚层的细胞。与亚全能胚胎干细

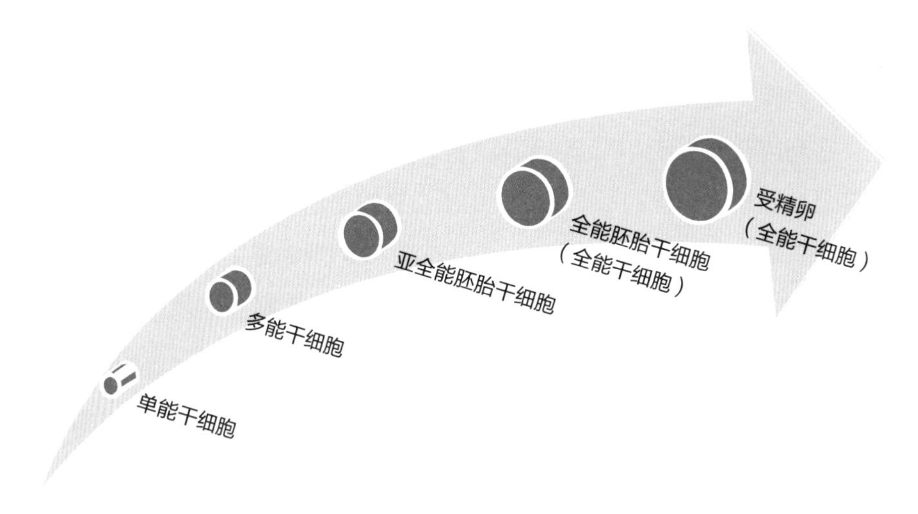

人类干细胞发育等级从低到高排序

胞相比，多能干细胞发育分化能力受到进一步限制，但仍然可以分化为发育等级最低的单能干细胞，即可以分化为一种或密切相关的两种细胞的干细胞。

多能干细胞具有分化为多种细胞的潜能，可进行组织器官损伤后的结构重建和功能恢复。如果把全能胚胎干细胞比喻为“汽车制造厂”，那么多能干细胞就是负责保养维修的“汽车 4S 店”。在生理状态下，组织器官发生损伤后，多能干细胞就会再生损伤组织器官的细胞，进行修复，对生命保驾护航。

在野外，偶尔会观察到蜥蜴断尾再生现象。当蜥蜴被天敌咬住尾巴或遇到危险，为逃命，会自行弄断尾巴。掉落的尾巴不停摆动，起到吸引或吓阻敌人的目的，蜥蜴则趁机逃掉。但是不用担心，过一段时间，蜥蜴又会长出新尾巴。新尾巴是蜥蜴体内的多能干细胞再生出来的。

在人体内，无论是种类还是数量，多能干细胞都是最多的，其中包括常见的各种造血干细胞、间充质干细胞等。造血干细胞的种类，主要有骨髓造血干细胞、脐带血造血干细胞、外周血造血干细胞、胎盘造血干细胞等。间充质干细胞的种类，主要有骨髓间充质干细胞、脐带间充质干细胞、胎盘间充质干细胞、脂肪间充质干细胞等。种类繁多的多能干细胞，保证了人体结构和功能的完整性。

多能干细胞来源丰富，没有伦理争议，临床应用广泛。能够有效治疗的疾病类型包括血液性疾病、创伤性疾病、中毒性疾病、缺血性疾病、炎症性疾病、自身免疫性疾病、退变性疾病、代谢性疾病、放射性疾病、组织缺损性疾病、失眠、肿瘤以及亚健康状态等。美国、韩国、加拿大、日本、欧盟、澳大利亚等国家和地区，已有十几种多能干细胞新药上市。中国也有多种多能干细胞正在进行临床试验研究。

诱导多能干细胞

通过转入外源基因，将已经完成发育分化的成熟体细胞，进行脱分化形成的干细胞，称为诱导多能干细胞（induced pluripotent stem cells，iPSC），本质上是一种人造干细胞。具有类似亚全能胚胎干细胞的多向分化潜能，可以诱导分化为多能干细胞。

2006 年，日本京都大学高桥和利（Kazutoshi Takahashi）在导师山中伸弥（Shinya Yamanaka）的指导下，将八聚体结合蛋白 3/4 基因（*Oct3/4*）、性别决定区 Y 框蛋白 2 基因（*Sox2*）、禽类骨髓细胞瘤病毒转化序列细胞同源物基因（*c-Myc*，一种原癌基因）和 Krüppel（德语，意为“残疾”）样因子 4 基因（*Klf4*，一种抑癌基因）四种转录因子基因转入小鼠皮肤成纤维细胞，诱导其脱分化为具有亚全能胚胎干细胞特性的诱导多能干细胞。这是一种人工干预的脱分化现象。通常，干细胞是未分化细胞，在自然情况下，干细胞分化为成熟体细胞，执行具体的生命功能。不过，通过人工干预，已经完成发育分化的成熟体细胞，进行反方向分化，也可以成为未分化的干细胞。2012 年，凭藉在诱导多能干细胞方面取得的研究成果，山中伸弥获得诺贝尔生理学或医学奖。

由于没有伦理限制，来源方便，诱导多能干细胞具有重要的医学价值。这种干细胞可以分为心脏细胞、神经细胞等。临床研究和动物实验表明，诱导多能干细胞可以显著改变多种疾病症状，如镰刀型细胞贫血病、软骨损伤和骨关节炎。

诱导多能干细胞现象说明，生命的种子不仅可以自然产生，还可以通过人工改造产生。

生殖干细胞

一种存在于生殖器官中的干细胞，能够进行自我复制更新以维持自身细胞数量，同时还能够分化为生殖细胞精子或卵子。由于发现较晚，对生殖干细胞的研究还不多，其可能与一些神奇的生命现象有关。

人类的生殖干细胞，女性是卵原干细胞（oogonial stem cell，OSC），男性是精原干细胞（spermatogonial stem cell，SSC）。卵原干细胞，又称“雌性生殖干细胞（female germline stem cell，FGSC）”“卵巢生殖干细胞（ovarian germline stem cell，OGSC）”，来源于原始生殖细胞（primary germ cell，PGC），存在于卵巢表面上皮内，可以不断分化出初

级卵母细胞，再继续分化为卵子。精原干细胞，来源于原始生殖细胞，存在于睾丸曲细精管基膜内，可以不断分化为初级精母细胞，最终分化为精细胞，变形后成为精子。

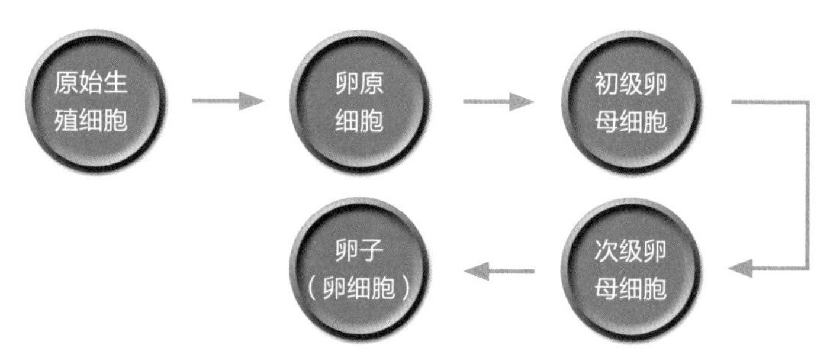

雌性生殖干细胞发育分化顺序

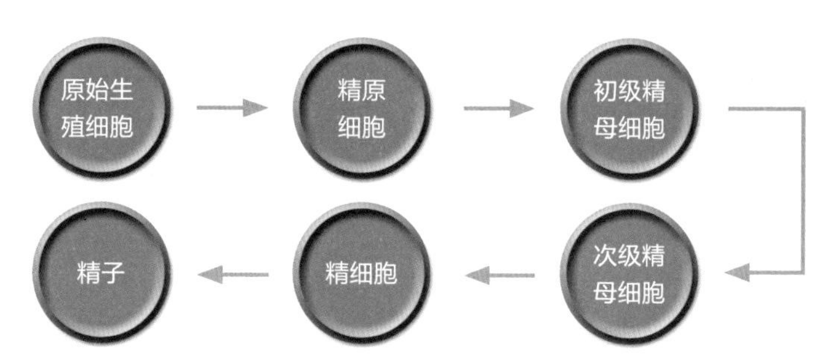

雄性生殖干细胞发育分化顺序

生殖干细胞既是干细胞，又是生殖细胞。人和动物体内能够繁殖后代的细胞，统称为生殖细胞。雄性的生殖细胞，包括二倍体的原始生殖细胞、精原细胞、初级精母细胞，以及单倍体的次级精母细胞、精细胞、精子。雌性的生殖细胞，包括二倍体的原始生殖细胞、卵原细胞、初级卵母细胞，以及单倍体的次级卵母细胞、卵子（卵细胞）。

精子含有性染色体X或Y。卵子含有性染色体X。当含X的精子与卵子结合，胚胎将发育成男孩。当含Y的精子与卵子结合，胚胎将发育成女孩。

自然界里，精子和卵子是最典型的生殖细胞。两者结合后，成为全能干细胞——受精卵。生命又开始孕育，进入新的轮回。

生命之源

1867 年，德国科学家尤利乌斯·弗里德里希·科恩海姆（Julius Friedrich Cohnheim）在研究伤口炎症时，偶然发现了干细胞，英文名为“stem cell”。“stem”是指树干（植物茎），树枝（植物枝），以及叶柄、花柄、果柄。由于树干上长出了树枝、叶柄、花柄、果柄、叶、花、果，使大树表现出各种生命活动，因此树干是生命之源。

之所以把干细胞称为“stem cell”就是这个寓意，干细胞是人体生命之源。

干细胞的发育层级关系

人体内干细胞种类繁多，不同干细胞间是什么关系呢？还用大树来说明。

自然情况下，树干长出大树枝，大树枝长出小树枝，小树枝长出叶柄、花柄、果柄，叶柄长出叶子，花柄长出花朵，果柄长出果实。除叶子、花朵、果实外，树干、大树枝、小树枝、叶柄、花柄、果柄都具有发育分化能力，都是“stem”。然而，树干、大树枝、小树枝、叶柄、花柄、果柄的发育分化能力，显然不同。树干、大树枝、小树枝的发育等级，相对较高；叶柄、花柄、果柄的发育等级，相对较低。树干、大树枝、小树枝，就好比多能干细胞；叶柄、花柄、果柄，就好比单能干细胞。

由此，不难理解：第一，多能干细胞的发育等级比单能干细胞高；第二，多能干细胞可以分化为单能干细胞。

也许有些人很奇怪，怎么没有涉及全能干细胞和亚全能干细胞呢？

干细胞的发现是一个逐步的过程，最初发现的干细胞就是多能干细胞，那时还没有全能干细胞和亚全能干细胞的概念。

全能干细胞，如受精卵，类似于树的种子，可以发芽长成整棵大树。亚全能干细胞，如亚全能胚胎干细胞，类似于树根，可以长出树干、大树枝、小树枝、叶柄、花柄、果柄、叶、花、果，就是不能长成整棵大树。经过这样一番梳理后，干细胞间的发育层级关系就清楚了。

在自然情况下，从全能干细胞、亚全能干细胞、多能干细胞，到单能干细胞，发育层级依次降低。发育层级高的干细胞，可以分化为发育层级低的干细胞，并依次向下兼容。全能干细胞的发育分化能力最强。单能干细胞的发育分化能力最弱。

生殖干细胞的发育分化能力类似于多能干细胞。只是，经过不断发育分化，生殖干细胞最终形成精子和卵细胞，受精后形成受精卵，又成为全能干细胞。生命开始新的轮回。

在不同水平上再生生命

不同种类干细胞的发育等级不同，这与各自不同的生理功能相适应。在不同水平上发育分化为不同种类的细胞，可以维持不同水平上的生命活动，保证个体正常生存。

全能干细胞在个体水平上发挥作用，可以再生完整个体，增加个体数量，繁衍后代。全能干细胞虽然包括从受精卵到胚胎发育卵裂期 32 细胞前的所有细胞，然而再生完整个体的生理功能，在自然情况下还是仅由受精卵完成。胚胎发育过程中出现的全能干细胞，其主要生理功能还是发育生成更多发育等级稍低的各种干细胞，以便顺利完成胚胎发育。

假如人为干预，将胚胎发育早期的全能干细胞分离出来，能否发育成完整个体呢？这是个令人着迷的想法，答案是肯定的。

尽管目前在人类中还没有相关报道，试管婴儿用的都是精子卵子体外受精直接产生的全能干细胞——受精卵，但是在家畜中早已实际应用。为了提高良种奶牛的繁殖率，利用外科手术将受孕奶牛的早期胚胎取出来，切割成多份，一份移植回受孕奶牛，其余分别移植到未怀孕的母牛子宫内，继续进行胚胎发育，最终诞生出多头良种小奶牛。 然而人类不能利用胚胎切割进行辅助生殖，否则会有伦理争议。

亚全能干细胞、多能干细胞都是在多组织器官水平上发挥作用。亚全能胚胎干细胞是典型的亚全能干细胞，来源于囊胚期胚胎内细胞团，能够最终发育分化成外胚层、中胚层、内胚层全部三个胚层的细胞，继而形成人体不同的组织器官。亚全能干细胞在发挥生理功能时，需要分化成多能干细胞进而继续分化，最终分化为成熟组织细胞。就像大树枝长出小树枝，小树枝再长出叶柄、花柄、果柄，最终长出叶、花、果。大树枝、小树枝统称树枝，也有科学家把亚全能干细胞、多能干细胞归为一类，笼统地称为多能干细胞。

但是，多能干细胞不能分化为全部三个胚层的细胞，两者还是具有明显区别的。多能干细胞可以分化为多种组织类型的细胞，在多组织器官水平上进行组织器官再生，或者进行组织器官损伤后修复，以保障各种生命活动正常进行。

单能干细胞在单组织器官水平上发挥作用。由于仅能分化成一种或密切相关的两种组织细胞，又称“专能干细胞”或“偏能干细胞”。单能干细胞属于成体干细胞，发育等级最低，但对于维持正常生命活动十分重要。如上皮干细胞，存在于上皮组织基底层，可以再生衰老或脱落的上皮细胞，维持上皮组织的完整结构和正常生理功能。

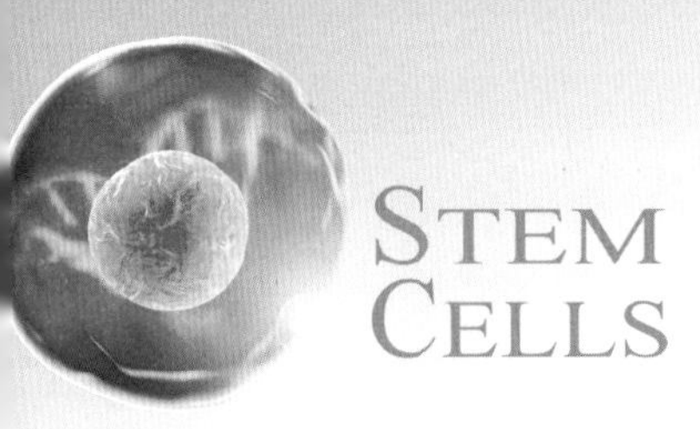

未来人类怎样进化

人类在地球上已经至少进化了 300 万年，是否会继续保持现在的尊容，直到永远？当然不会。那么，未来人类怎样进化，又长什么样子呢？

生存环境恶化

人类虽然是地球上唯一的高级智慧生命，高高地居于食物链顶端，然而也面临着各种生存危机。这种危机主要还是来自地球和人类自身，其次来自地球外部的广袤宇宙空间。

来自地球自身的危机不少，有的极为迫切，主要包括环境污染、资源短缺或耗尽、生态破坏、烈性传染病、人口老龄化、地球磁场反转等。多数危机与人类生产、生活活动息息相关，属于自身造成。

为了生存或生活得更好，人类过度开发和掠夺自然资源，造成瘟疫流行，生态灾难频发。埃博拉病毒（ebola virus，EV）、人类免疫缺陷病毒（human immunodeficiency virus，HIV）、中东呼吸综合征冠状病毒（Middle East Respiratory Syndrome Coronavirus，MERS-CoV）、严重急性呼吸综合征冠状病毒（severe acute respiratory syndrome coronavirus，SARS-CoV）、禽流感病毒（H5N1、H9N2、H7N7 等亚型感染人）、严重急性呼吸综合征冠状病毒 2 型（severe acute respiratory syndrome coronavirus 2，SARS-CoV-2）等，都是从动物传染给人，严重威胁了身体健康。

21 世纪伊始，英国国家环境研究委员会生态学和水文学研究中心的生态学家杰瑞米 · 托马斯（Jeremy Thomas），在《科学》（*Science*）杂志发表英国野生动物调查报告，证明在过去 40 年里，英国本土鸟种类减少了 54%、野生植物种类减少了 28%、蝴蝶种类减少了 71%。该中心另一位生态学家汤姆 · 奥利弗（Tom Oliver）更是预言，英国的蝴蝶最早将于 2050 年灭绝。

据统计，昆虫物种数量占到全球物种总量的 50% 以上。须知，自从生命诞生以来，人类居住的浅蓝色星球上已经发生了 5 次物种大灭绝。地球上第 6 次周期性物种大灭绝的脚步声已经悄然响起，应该引起人类足够警惕。

全世界每天有 75 个物种灭绝，每小时有 3 个物种灭绝。许多物种诞生后，还没来得及命名就消失了，令人惋惜。在人为因素作用下，物种灭绝的速度加快了 1 000 倍。不禁让人想到，地球上众多生物构成的生态大网，当一个个网结消失，雄踞食物链顶端的人类，还能生存多久。

人类主动进化

面对生存危机，地球人应未雨绸缪，主动应对。首先，保护地球多样性生态环境，维护生态平衡，与其他物种共生共存，减少物种灭绝的速度。

其次，治理环境污染，恢复某些已经失去平衡甚至崩溃的生态环境。最后，节约资源，不过度开发。淡水资源、森林资源、矿产资源、燃料资源（石油、天然气、煤炭）等，应适度开发，节约使用，以尽量延长资源寿命，造福子孙后代。这些都是传统思维。

从科学家的角度，人类应主动进化，在茫茫宇宙中寻找更广阔的生存空间，使地球人类这个物种在宇宙中永恒繁衍下去。

被动进化需要周期太长，也不一定进化成功，假如失败，物种就被淘汰。主动进化，可以缩短进化周期，选择更好的进化方向。

人类干细胞家族

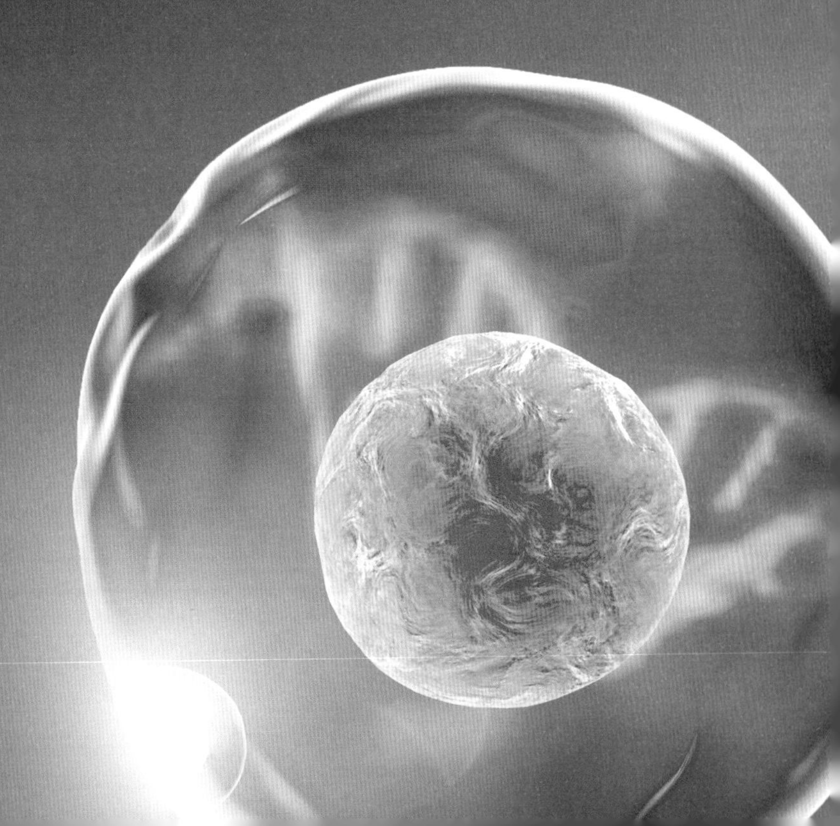

人类胚胎发育从受精卵开始。受精卵是生命的原点，经卵裂生成全能胚胎干细胞，继而发育分化出亚全能胚胎干细胞。继续分化,形成种类繁多的干细胞家族,在人体内执行不同的生理功能。

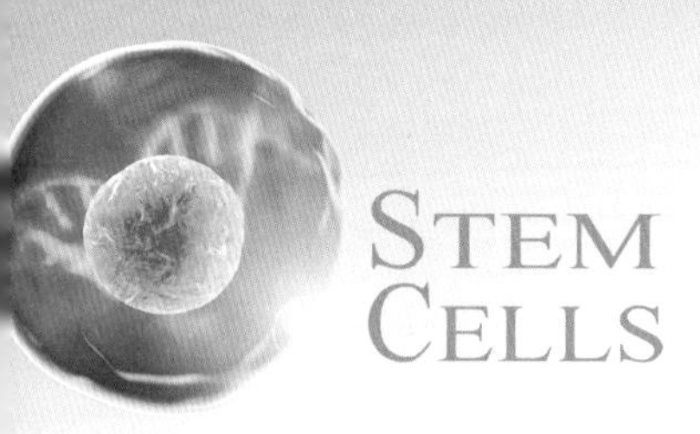

人体内的干细胞社会

人体内大约有 200 多种细胞，绝大多数是已经完成分化的成熟体细胞，未分化的干细胞数量极少。尽管人体内干细胞数量不多，但是种类不少。不同发育阶段，干细胞种类具有差异。

不同发育阶段的干细胞

胚胎发育始于受精卵。从受精卵到卵裂期 32 细胞前所有细胞都是全能干细胞。继续发育，全能干细胞开始出现分化，形成亚全能干细胞（囊胚期胚泡里的内细胞团）。亚全能干细胞继续分化，形成多能干细胞（如胚胎生殖细胞），再继续分化，形成单能干细胞（如肌肉干细胞）。婴儿诞生后，理论上，体内已没有全能干细胞和亚全能干细胞。或者说，这两种干细胞已经完成发育分化，形成了多能干细胞、单能干细胞以及其他成熟体细胞。

婴儿体内存在多能干细胞和单能干细胞，其中多能干细胞占优势，使婴儿具有旺盛的发育生长能力。多能干细胞和单能干细胞属于成体干细胞，存在于已经分化的人体组织器官内。

整个围产期，从怀孕二十八周到产后一周，是获取优质干细胞资源的最佳窗口期。产前诊断时，有时会做羊水穿刺，羊水里含有一种多能干细胞——羊水间充质干细胞。胎儿诞生后，脐血、脐带、胎盘里含有丰富的干细胞。这些干细胞没有伦理争议，数量多，质量好，是珍贵的干细胞资源。脐血里的干细胞主要是造血干细胞，也含有少量间充质干细胞。间充质干细胞具有造血支持作用，能够促进造血干细胞增殖分化。造血干细胞联合少量间充质干细胞移植，能够增强造血干细胞的疗效。脐带的华通氏胶（Wharton's Jelly）含有丰富的干细胞，通常从中提取间充质干细胞。胎盘中含有丰富的间充质干细胞，包括羊膜间充质干细胞、绒毛膜间充质干细胞和底蜕膜间充质干细胞三种类型。此外，还含有造血干细胞。

由于量大质优，原材料易得，各种干细胞库主要储存围产期干细胞。脐血库储存脐带血和脐带血造血干细胞；胎盘干细胞库储存各种胎盘干细胞；间充质干细胞库储存脐带间充质干细胞、骨髓间充质干细胞、胎盘间充质干细胞、脂肪间充质干细胞等。

儿童期换牙时，乳牙脱落，恒牙长出。刚脱落的乳牙中，含有乳牙牙髓干细胞。有专门的乳牙牙髓干细胞库，收集和储存这种干细胞。

从婴儿期到成年期，各种组织都含有干细胞。譬如骨髓、脂肪等组织中含有丰富的间充质干细胞；血液组织中含有丰富的造血干细胞；神经组织中含有神经干细胞；上皮组织中含有上皮干细胞；肌肉组织中含有肌肉干细胞。此外，人类的乳液、唾液、尿液、汗液等体液中，都发现了干细胞，从中可以分离提取。女性周期性月经的经血中，也含有大量干细胞，也是提取材料。

刚诞生的婴儿，由于干细胞数量较多，身体生长很快，伤口容易愈合。然而随着年龄不断增长，人体内干细胞数量逐渐减少，身体生长速度逐渐减慢，直至停止生长。研究表明，人一生中，年龄每增长 10 岁，人体内干细胞数量呈现指数降低趋势。所以干细胞供者越年轻越好。

由于干细胞数量减少，直接导致中老年人体出现一些衰老症状，包括伤口愈合时间延长、免疫力降低和患病概率增加。

成熟体细胞脱分化为干细胞

自然情况下，已经完成分化的成熟体细胞，通常不会再回到原先的未分化状态。然而，生活中偶尔也会发生返老还童现象，也就是俗话说的越活越年轻。

中国人民解放军总医院第一医学中心创伤愈合和细胞生物学实验室主任、中国工程院院士付小兵教授发现，人体表皮细胞存在脱分化现象。使用一种被称为“表皮生长因子（epidermal growth factor，EGF）”的具有促进细胞生长活性的小分子蛋白质一段时间后，皮肤会由“老”变“嫩”，这是因为 EGF 可以诱导已经分化的表皮细胞脱分化为表皮干细胞，后者使皮肤变年轻。

该研究成果发表在国际著名医学期刊《柳叶刀》（*The Lancet*）杂志上，受到了国内外专家和媒体的广泛关注。

北京大学邓宏魁教授，2013 年利用 4 种小分子化合物的组合“VC6T”（VPA、CHIR99021、616452、Tranylcypromine 四种化合物的首字缩写）处理小鼠体细胞，成功逆转了细胞发育时钟，使已经完成分化的小鼠体细胞脱分化为多能干细胞，称为化学诱导的多能干细胞（chemically induced pluripotent stem cell，CiPSC）。据报道，该方法诱导成功率仅为 0.2%，说明技术尚不成熟。CiPSC 可发育分化为皮肤、神经、心脏、胰脏、肝脏等组织器官，具有潜在临床治疗应用前景。

利用这种小分子化合物诱导技术，邓宏魁领导的科研团队还将成年小鼠肺部成纤维细胞，培育成一只称为“青青”的小鼠，并且生育了后代。这说明化学小分子诱导的多能干细胞具有全能干细胞性质，可用于动物克隆。也说明，人类不仅能自然诞生生命，也能够人工创造生命。

2013 年 8 月，该研究部分成果发表在国际权威学术期刊《科学》（*Science*）上。被认为是生物医学领域的革命性技术。尽管人们对这种干细胞的诱导机制不是完全清楚。

理论上，化学小分子诱导的多能干细胞（CiPSC）要相对比转入外源基因诱导的多能干细胞（induced pluripotent stem cell，iPSC）安全。后者是 2006 年日本京都大学山中伸弥（Shinya Yamanaka）教授领导的研究团队，将 4 种转录因子基因（*Oct-3/4*、*Sox2*、*c-Myc*、*Klf4*）转入小鼠皮肤成纤维细胞后诱导成功的。

诱导成体干细胞脱分化为干细胞的科学家还有小保方晴子（Haruko Obokata），曾任日本理化学研究所发育与再生医学综合研究中心学术带头人。

2014 年伊始，这位 80 后美女科学家在英国著名国际权威杂志《自然》（*Nature*）上连发两篇文章，阐明了刺激触发获得全能性（stimulus-triggered acquisition of pluripotency，STAP）细胞的理念及制备方法。她是利用一种 pH 值略高于醋的弱酸性溶液处理小鼠淋巴细胞，使之脱分化从而获得具有干细胞性质的细胞。不过，令人大跌眼镜的是，小保方晴子的这项研究，被证实具有学术造假行为。最终发表的研究论文被撤稿。然而，科学研究本身就是一种可能失败的探索行为。也许，小保方晴子是无意中造成的过错。

不少科学研究表明，已经完成分化的成体细胞，在自然和人为因素干预下，都有可能脱分化为干细胞。这为人类抗衰老研究提供了科学基础。

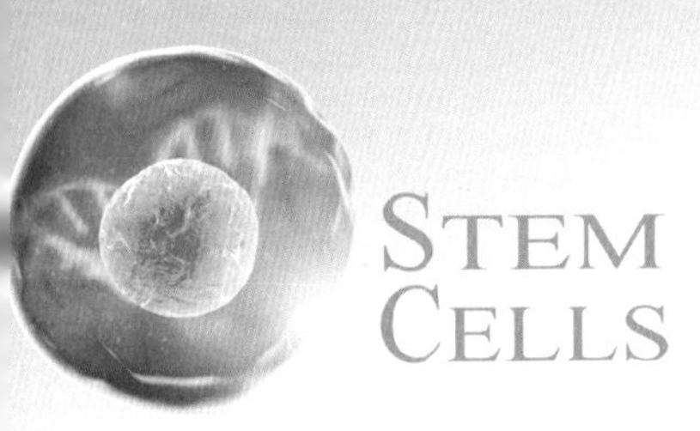

最早发现的干细胞
——间充质干细胞

科学家最早发现的干细胞是间充质干细胞，家族成员庞大。它的发现和命名经历了曲折的过程，是迄今在临床应用中最被寄予厚望的干细胞类型。

从骨髓中发现

在普通大众眼里，干细胞似乎是一个新名词，是现代高科技的象征。其实，干细胞的发现，最早要追溯到 1867 年。德国病理学家尤利乌斯 · 科恩海姆（Julius Cohnheim），在研究伤口炎症时，偶然发现了干细胞。

科恩海姆出生于北普鲁士小镇德明（Demmin），17 岁开始在柏林大学读书，博士研究生期间师从细胞病理学创始人鲁道夫 · 魏尔啸（Rudolf Virchow）。曾在北普鲁士军队担任外科军医，解决了困扰医学界 13 个世纪的难题——脓液的来源，提出脓液是发生炎症时从血管中渗出的无色血球，也就是大家熟知的白细胞。在炎症实验过程中，科恩海姆给动物静脉注射一种不溶性染料——苯胺，在动物损伤远端的部位，发现一些含有染料的细胞，包括炎症细胞和与纤维合成有关的成纤维细胞。由此推断，骨髓中存在一种非造血功能的干细胞。科恩海姆是世界上第一个提出骨髓干细胞概念的科学家。

骨髓干细胞发现一个世纪后，1974 年俄罗斯青年科学家亚历山大 · 弗里登施泰因（Alexander Friedenstein）和同事亚历山大 · 马克西莫（Alexander Maximow）第一次从骨髓中分离出了这种干细胞。研究后发现，骨髓干细胞与大多数骨髓来源的造血细胞不一样，能够快速贴附到体外培养器皿上，呈旋涡状生长，产生成纤维细胞样克隆，且具有自我复制更新能力。弗里登施泰因及其同事还证实，接种骨髓细胞悬浮液后，每个干细胞可形成不同的克隆，且干细胞增殖数与集落数之间具有线性关系。每个干细胞就是一个成纤维细胞样集落形成单位（colony-forming unit fibroblast，CFU-F）。弗里登施泰因对骨髓干细胞进行了详细研究，还鼓励进行临床应用，治疗一些重大疾病。

间充质干细胞命名

1991 年，美国凯斯西储大学（Case Western Reserve University）骨骼研究中心主任阿诺德 · 凯普兰（Arnold Caplan）教授，首次将骨髓来源的干细胞正式命名为“间充质干细胞（ mesenchymal stem cell，MSC）”。认为，这种骨髓来源的间充质干细胞具有分化为骨、软骨、肌肉、骨髓基质、肌腱、韧带、脂肪和其他结缔组织的潜能，有时也称为“骨髓基质细胞（bone marrow stromal cell，BMSC）”。

2005 年，国际细胞治疗协会宣布，首字母缩写词“MSC”为多潜能间充质基质细胞（mesenchymal stromal cell），与间充质干细胞的英文缩写词相同。由于来源于不同组织的细胞群，在基因表达和细胞分化能力上具有明显差异，却都被命名为间充质干细胞，以及不同实验室采用不同的细胞表面标志物来表征 MSC，为避免概念模糊和歧义，2006 年国际细胞治疗协会建议启用“多潜能间充质基质细胞”这个学术术语，不再使用“间充质干细胞”这个概念。

然而，间充质干细胞已经成了干细胞界的明星，红得发紫，建议基本没有被科学界采纳。2017 年，“间充质干细胞”术语的命名人凯普兰又向科学界提出建议，将“间充质干细胞”改为“药用信号细胞（medicinal signal cell）”，又没有被科学界广泛采纳。凯普兰很无奈，即使是自己亲手创造的名词，从科学界也撤不回了，一直沿用至今。

自 1991 年以来，间充质干细胞研究炙手可热。截至 2020 年 7 月，利用美国国家医学图书馆开发的生物医学论文数据库（PubMed）进行检索，已发表的间充质干细胞论文超过了 6.5 万篇。进入 21 世纪后，论文数量呈爆发式增长，2000 年 100 多篇、2010 年 3 000 多篇、2019 年 7 000 多篇……

间充质干细胞鉴定

间充质干细胞来源于胚胎发育中胚层，是一个庞大的干细胞家族，广泛分布于人体的脐带、胎盘、脂肪、骨髓、血液、羊水、乳汁、汗液、唾液、尿液、经血等组织中。间充质干细胞的分离纯化方法，包括组织块贴壁培养、胶原酶消化、密度梯度离心、免疫磁珠分选等，需要根据不同的组织材料，从中选用合适的一种或几种方法。

怎样判断制备的细胞是间充质干细胞呢？

主要根据以下几个方面进行鉴定。

生物学鉴定

主要包括：①贴壁生长。在体外塑料培养皿中培养时，具有贴壁生长特性。细胞呈旋涡状生长，形态类似成纤维细胞。②增殖活性高。具有较强的自我更新能力，在含血清的培养液里培养时，高度增殖。理论上可以无限制传代，原代培养细胞，一般可传10代以上。由于体外培养条件限制和分化因素影响，随着培养代数增加，会发生细胞形态扁平、细胞内颗粒增多等老化现象。③分化潜能。可分化为成骨细胞、软骨细胞和脂肪细胞。加入成骨诱导培养液2~3天后，细胞开始从长梭形缩短为多角形，胞体积增大，诱导14天后碱性磷酸酶阳性细胞大幅增加，茜素红S染色阳性，表现出成骨细胞特性。成软骨诱导21天后，细胞增殖减慢，形态扁平、宽大、多角、多分支，阿尔新蓝染色阳性，呈现蓝色。成脂诱导后，细胞质内开始出现细小脂滴，细胞排列无序，显微镜下可观察到高折光性脂滴，油红O染色显示脂肪细胞内有很多大颗粒状脂滴。

表面标志物鉴定

表面标志物或称“表面标记”。不同实验室可能会选择不同表面标志物组合，借助于流式细胞仪或免疫细胞化学等方法进行鉴定。如流式细胞仪的鉴定步骤：①收集细胞。取培养细胞（通常为细胞纯度较高、活力较好的第3代至第5代细胞），去掉培养液，胰酶消化，离心收集细胞，磷酸盐缓冲液洗涤3次。②抗体孵育。分别加入荧光标记的表面标记抗体，4℃孵育30分钟。③流式细胞仪分析。磷酸盐缓冲液洗去未标记抗体，1%多聚甲醛固定15分钟，流式细胞仪检测分析细胞表面不同簇分化抗原（cluster of differentiation，CD），即细胞在分化成熟和活化过程中出现或消失的表面标记。CD73、CD90、CD105呈阳性，阳性率不低于95%；CD45、CD34、CD14、或CD11b、CD79a、CD19呈阴性，阴性率不高于2%。

其他鉴定

主要有通过染色体分析细胞遗传学改变、裸鼠试验验证致瘤性等。染色体核型分析结果显示，在体外长期培养条件下，间充质干细胞的细胞染色体核型无易位、倒位、缺失或复制、融合等异常变化。裸鼠皮下致肿瘤试验：细胞接种6周后，取半数动物进行剖检，实验组和对照组均应未发生结节或肿瘤形成。另外半数动物继续观察至第

12 周，进行病理检查，剖检接种部位，同时观察各淋巴结和器官，实验组和对照组应仍未见结节或肿瘤形成。

相对而言，间充质干细胞在成人体内分布广，数量大，不同年龄供体、不同类型组织来源的间充质干细胞，在发育分化能力和疾病治疗效果方面有时差异较大，在临床应用时应该引起足够重视。

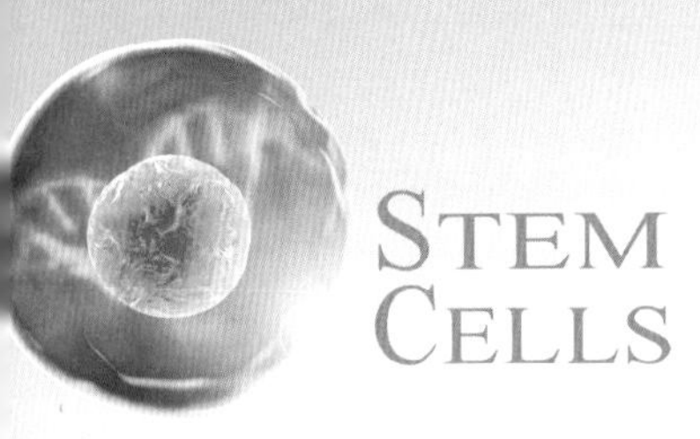

最早临床应用的干细胞 ——造血干细胞

对于造血干细胞（hematopoietic stem cells，HSC）的研究较多，临床应用最早。从骨髓移植，到脐血移植，再到造血干细胞移植，反映了造血干细胞临床应用技术的进步。

骨髓移植

20 世纪 50 年代，骨髓移植技术诞生。1956 年，美国华盛顿大学爱德华·托马斯（Edward Thomas）教授完成了世界第一例骨髓移植手术，成功利用双胞胎骨髓治疗白血病。在此之前，所有人类骨髓移植都没有成功，个体之间的免疫障碍就像珠穆朗玛峰一样，极难跨越。

托马斯是一位医生，1920 年出生于美国得克萨斯州马特（Mart）镇，在得克萨斯大学获得学士和硕士学位，父亲是位全科医生。可能受其父亲影响，后改为攻读临床医学专业，最终在波士顿的哈佛医学院获得医学博士学位。曾应征入伍，在美国陆军担任内科医生。退役后，去华盛顿大学谋求发展，经过多年努力，获得教授职位。20 世纪 70 年代，托马斯在华盛顿大学成立骨髓移植中心，截至 20 世纪 90 年代，每年进行 350 例骨髓移植手术，成功率达 70%~80%，拯救了众多白血病患者的生命。因人体器官和细胞移植方面的成果，托马斯于 1990 年获得诺贝尔生理学或医学奖，被誉为“骨髓移植之父”。

在骨髓移植中，发挥治疗作用的主要是骨髓中含有的造血干细胞，它是人体内再生其他血细胞的种子。

人类白细胞抗原（human leucocyte antigen，HLA），又称“人类主要组织相容性抗原复合物（major histocompatibility complex，MHC）”，与能否进行骨髓移植手术关系密切。由于患者免疫排斥反应，只有 HLA 相符的供者骨髓，才能移植成功，俗称“HLA 配型”。人类 HLA 基因位于 6 号染色体短臂，一半来自父亲，一半来自母亲。双胞胎间最容易配型成功，这也是托马斯医生选择双胞胎骨髓进行移植的原因。

兄弟姊妹间人类白细胞抗原相符的概率是四分之一，患者往往无法与兄弟姊妹的骨髓配型成功。不过，上帝在关上一扇门同时，会打开一扇窗。即使与患者没有任何血缘关系的陌生人，也可以骨髓配型成功。

为了提高白血病、再生障碍性贫血等恶性血液病患者的骨髓配型成功率，不少国家建立了自己的骨髓库，如中华骨髓库、美国国家骨髓库等。中华骨髓库，全称“中国造血干细胞捐献者资料库”，隶属中国红十字会总会，前身是 1992 年经卫生部批准建立的“中国非血缘关系骨髓移植供者资料检索库”，全国有 31 家分库。世界骨髓库建立于 1994 年，总部位于荷兰莱顿市。

脐血移植

脐血是新生儿脐带结扎后滞留在脐带和胎盘中的血液，传统上婴儿诞生后作为垃圾丢弃。实则是一种珍贵的生物资源，富含造血干细胞以及少量间充质干细胞、造血祖细胞等。这些干细胞是生命的种子，可以分化为其他类型的细胞，重建患者的造血系统和免疫系统。

利用脐血进行的临床移植治疗称为脐血移植，或称“脐带血移植”。与骨髓移植相比，两者各有千秋。

骨髓移植与脐血移植比较

项目	骨髓移植	脐血移植
• 细胞种类	• 造血干细胞、间充质干细胞、内皮前体细胞、肝祖细胞等	• 造血干(祖)细胞、间充质干细胞等
• 细胞数量	• 造血干细胞数量为脐血移植10倍	• 造血干细胞数量为骨髓移植1/10
• 细胞能力	• 增殖、归巢能力弱	• 增殖、归巢能力强
• 移植效果	• 好。造血恢复快。失败率低	• 差。造血恢复慢。失败率高
• 来源	• 较难	• 方便
• 异体移植免疫排斥	• 强	• 弱
• 临床治疗疾病谱	• 恶性血液病(如急性白血病、慢性白血病、恶性淋巴瘤);骨髓衰竭综合征;遗传性疾病(如黏多糖贮积症、肾上腺脑白质发育不良、血红蛋白病、免疫缺陷病)等	• 儿童及成人良恶性血液系统疾病;中枢神经系统疾病;实体瘤;缺血性下肢血管病;组织再生等

脐带血移植治疗成功病例很多。1988 年，在法国巴黎圣路易医院，一名 5 岁男孩进行了世界首例脐血移植，利用来源于 HLA 相合的同胞脐带血，治愈了范科尼贫血（fanconi anemia）。这是一种罕见的常染色体隐性遗传病，近亲结婚者患病概率大，多发于儿童期。患者症状主要有体格发育不良，多发性畸形（如骨骼、眼睛、耳朵、生殖器等的畸形），皮肤色素沉着，易感染，有出血倾向，智力落后。

1997 年，世界首例自体脐血移植治疗神经母细胞瘤成功，患者是一名仅有 14 个月大的巴西女童。2009 年，国内首例也是亚洲首例自体脐血移植治疗神经母细胞瘤成功。患者使用北京市脐血库脐血，在北京儿童医院实施的移植手术。

临床上，脐血移植能够治疗 80 多种疾病，包括急性白血病、慢性白血病、淋巴瘤、再生障碍性贫血、神经母细胞瘤、多发性骨髓瘤、地中海贫血、重症肢体缺血、黏多糖贮积症、慢性肉芽肿、骨髓增生异常综合征、原发性免疫缺陷病、淀粉样变性、红斑狼疮、类风湿关节炎、乳腺癌、肾癌、艾滋病、自闭症、软骨修复、脊髓损伤、听力损失、阿尔茨海默病等。

造血干细胞移植

造血干细胞移植，可分为自体造血干细胞移植（autologous hematopoietic stem cell transplantation，Auto-HSCT）、同种异基因造血干细胞移植（allogeneic hematopoietic stem cell transplantation，Allo-HSCT）和异种造血干细胞移植（Xeno hematopoietic stem cell transplantation，Xeno-HSCT）。

自体造血干细胞移植的最大优势是不会发生免疫排斥反应，不用配型。但是，遗传病、全身感染性疾病患者不适用。

同种异基因造血干细胞移植是治疗血液系统疾病的有效甚至根治方法，也是目前临床上最常应用的造血干细胞移植方法。主要优势：干细胞来源相对丰富；干细胞质量可以选择；与骨髓移植相比，不需要“配型成功”，“半相合”移植即可存活。

“配型成功”是指，人类白细胞抗原（HLA）的10个位点（A、C、B、DR、DQ各1对，不包括DP）至少有8个吻合，移植后才容易存活。“半相合”是指，人类白细胞抗原（HLA）的10个位点有5个吻合，即一半吻合。同种异基因造血干细胞移植，需要A、B、DR三对共6个位点中至少5个匹配，移植才容易成功。虽然半相合可以进行移植，但是移植后，由于HLA差异，造血、免疫功能恢复慢，免疫排斥反应（移植物抗宿主病）重，手术失败率大，致死性、感染发生率高。在临床治疗时，应尽量选择全相合移植。

异种造血干细胞移植的好处是来源方便，但是极难跨越免疫障碍，移植成功率极低，除进行实验研究外，临床上基本不用。

造血干细胞来源及分化

人造血干细胞是血液系统中成体干细胞、免疫细胞和造血细胞的起源细胞，形态上类似于小淋巴细胞，异质性强，数量极少，仅占骨髓单核细胞的 1/10 万 ~1/2.5 万。造血干细胞最初出现于胚龄 2~3 周的卵黄囊。胚胎发育第 2~3 个月迁移到肝和脾，第 5 个月又从肝和脾迁移到骨髓。骨髓为人出生后造血干细胞的主要来源。外周血、脐带血、胎盘血等组织中，也富含造血干细胞。

成体骨髓中的造血干细胞多处于静止期（G_0 期）。当机体需要时，每个造血干细胞分裂为 2 个，一个进入增殖分化程序，分化为血液细胞，另一个维持造血干细胞状态，使其数量相对稳定。造血干细胞进一步分化发育，形成不同血液系的定向干细胞（前体细胞），如红细胞系、粒细胞系、淋巴细胞系等。在合适条件下，造血干细胞还可以跨系统分化为造血系统以外的多种组织器官细胞，是一种多能干细胞。

在体外培养条件下，造血干细胞难以大量扩增。由于造血干细胞移植数量与临床治疗效果密切相关，只有移植一定数量（通常至少 1 千万个以上，与患者体重有关）的造血干细胞，才有治疗效果，造血干细胞大量扩增成为其临床应用的瓶颈。此外，间充质干细胞具有造血支持和免疫调理功能，当造血干细胞与少量间充质干细胞联合移植，疗效会更佳。

造血干细胞鉴定

通常利用流式细胞仪，分析细胞表面标志物，进行造血干细胞检测鉴定。造血干细胞主要表达簇分化抗原 34（CD34）、簇分化抗原 45（CD45）、簇分化抗原 31（CD31）、簇分化抗原 133（CD133）、干细胞抗原 1（Sca1）、腺苷三磷酸结合盒亚家族 G 成员 2（ABCG2）等细胞表面抗原。

所谓细胞表面抗原，是指存在于细胞膜上的蛋白质、糖类、脂类等生物大分子，能够引发机体免疫反应，可通过与特异性抗体结合进行检测。细胞表面抗原常常赋予细胞特定功能和性质，就像公路上的里程碑一样，是细胞表面的标记性物质（marker），或称细胞表面标志物。

CD34 是一种阶段特异性白细胞分化抗原，在造血干细胞、造血祖细胞、小血管内皮细胞和胚胎成纤维细胞表面表达，并在造血干细胞中高表达，表达量随着细胞分化成熟逐渐降低直至消失，是鉴定和纯化造血干细胞最常用的细胞表面标志物。原始的造血干细胞不表达 CD34，但可分化为表达 CD34 的造血干细胞。

CD45 由一类结构相似、分子量较大的跨膜糖蛋白组成，是白细胞共同抗原，在所有造血干细胞来源的有核细胞中表达。

CD31 又称“血小板内皮细胞黏附分子 -1”，属于黏附分子免疫球蛋白超家族，存在于造血干细胞、血管内皮细胞、血小板、中性粒细胞、单核吞噬细胞、某些类型的 T 细胞或肿瘤细胞表面，以及内皮细胞间紧密连接处。

CD133 又称“AC133”，选择性地表达于成人骨髓、胎肝、脐血及外周血等造血组织的 CD34 阳性（$CD34^+$）的造血干细胞或祖细胞中，在血管内皮细胞中不表达。但是，在肝癌、结肠癌、肺癌、骨肉瘤、滑膜肉瘤、胰腺癌、胶质瘤及前列腺癌等肿瘤干细胞中表达，与肿瘤发生、发展和预后有关。

Sca1 是一种细胞表面蛋白，小鼠造血干细胞标志分子，在几乎所有组织器官的干细胞、祖细胞表面都有表达。

ABCG2 又称“乳腺癌抵抗蛋白”，由多药耐药蛋白及多药耐药相关蛋白组成，在胎盘、脑、前列腺、小肠、睾丸、卵巢、肝脏和血脑屏障等部位大量表达，为肿瘤干细胞的耐药标志物。可能与干细胞分化状态及保护干细胞发育过程中免受周围环境影响有关。

由于造血干细胞异质性强，表面标志物表达具有不稳定性，不同实验室采用的鉴定标准、表面标志物组合等会有差异。

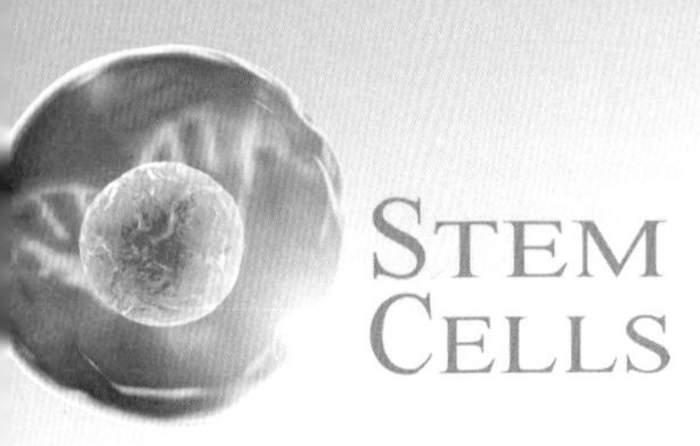

最适合整形美容的干细胞
——脂肪干细胞

2001年，美国加州大学洛杉矶分校医学院帕特丽夏·祖克（Patricia Zuk）等学者首次从人类脂肪组织中分离出脂肪干细胞（adipose-derived stem cell，ADSC）。由于是一种间充质干细胞，又称“脂肪间充质干细胞（adipose-derived mesenchymal stem cell，ADMS）”，或称“脂肪基质细胞（adipose-derived stromal cell，ADSC）”。这种干细胞应用于整形美容外科，如皮肤抗皱、嫩肤、凹陷性瘢痕修复、美体塑形（胸部、臀部填充）等，可使中老年人延缓衰老，看起来年轻靓丽，富有活力和自信心。

脂肪干细胞获取

凡是女性，无论老幼，都希望拥有苗条的身材。然而，由于遗传、高脂饮食、缺乏运动等因素，许多人身材臃肿，不仅影响美观，而且给生活带来不便，不得不减肥。如果依靠锻炼、控制饮食等方法减肥效果不佳，也千万不要灰心丧气，因为还可以到医院寻求帮助。可以通过各种吸脂手术，如快速负压吸脂、电子吸脂、3L 定位分层吸脂等，进行瘦身塑形，能够起到立竿见影的效果。

吸脂部位宜选择面部、颈部、腹部、侧腰部、臀部、四肢、手脚等容易堆积脂肪处。术前，需要先注射药剂，对吸脂处进行局部麻醉镇痛，并使脂肪细胞膨大。为安全起见，一次吸脂量不超过 2 000 毫升。通常，门诊不超过 1 000 毫升，住院不超过 2 000 毫升。假如吸脂效果不理想，可以隔一段时间，待身体恢复后，再次进行手术。

脂肪干细胞主要分布在脂肪组织内毛细血管周围。进行分离获取时，需要在术前注射的药剂中添加消化酶，如胶原酶等，将脂肪组织中干细胞先行消化下来，再吸到针筒中。在无菌条件下，用离心机离心洗涤，去掉消化酶、麻醉剂等添加药物，分离纯化脂肪干细胞。然后，直接进行移植，或者冻存后备用。

通过吸脂术获取脂肪干细胞，数量大，操作简单。可以起到“一石二鸟”作用，兼具瘦身塑型和分离脂肪干细胞的作用。

脂肪干细胞用于美容整形

与其他干细胞相比，脂肪干细胞临床应用具有明显优势：①取材容易，损伤小，无伦理争议。②自体干细胞移植无免疫排斥反应。③体外扩增速度快，可获得足够干细胞用于移植治疗。

在体外诱导条件下，脂肪干细胞可以向成骨细胞、成软骨细胞、成脂细胞、成肌细胞、成神经细胞分化，最终形成骨、软骨、脂肪、肌肉、神经等组织。可以作为组织工程种子细胞，参与相应组织器官修复与重建。2004 年在临床治疗中首次使用脂肪干细胞，与骨碎片、纤维蛋白胶和一种可降解的生物材料支架一起移植，治疗了一名 7 岁小女孩的头盖骨缺损。近年来，对组织重建与再生的临床治疗效果和安全性评价，正逐年增加。这些研究包括治疗糖尿病、肝硬化、心血管疾病、肢体缺血、肌萎缩侧索硬化、脂肪代谢障碍、移植物抗宿主病、克罗恩病、动脉硬化、软组织填充、肿瘤术后切除组织填充以及骨缺损等。

自体脂肪作为一种软组织填充剂，在整形美容领域，既有优势，也有劣势。但是，由于吸收率高、存活率低、并发症多，限制了其临床应用。随后通过各种改进脂肪获取技术，加强了脂肪血管化和成活率。通过对衰老皮肤进行自体脂肪来源干细胞治疗，使皮肤厚度有了显著性增加，真皮中胶原含量也呈现出显著性增加现象。

有学者研究了自体脂肪干细胞隆乳术，整形效果良好。也有学者将脂肪干细胞直接注射到人体面部鱼尾纹处的真皮层中，发现患者面部鱼尾纹变浅了，皮肤的纹理也变得较为细腻。通过相关研究证实，自体来源的脂肪干细胞能够分泌大量生长因子，如表皮生长因子、血管内皮生长因子、成纤维细胞生长因子等，能够促进人体胶原蛋白合成，增加血管弹性，使得人体皮肤质地产生变化。

日本东京医科大学整形外科主任吉村浩太郎（Kotaro Yoshimura）等于 2008 年发明了细胞辅助脂肪移植疗法（cell-assisted lipotransfer，CAL）。为脂肪移植提供了一种更为可靠的方法，是将自体脂肪来源干细胞与脂肪细胞混合，联合注射移植，能有效提高脂肪移植的生存期。

脂肪干细胞移植也并非绝对安全。2017 年，美国食品药品管理局彼得·马克思（Peter Marks）等在国际权威医学期刊《新英格兰医学杂志》（*The New England Journal of Medicine*）报道了 3 个由干细胞移植治疗引起的重大安全病例，引起了科学界警惕。其中之一就是自体脂肪干细胞移植，治疗视网膜黄斑变性患者，导致 2 人视力恶化，3 人眼睛失明。进行脂肪干细胞移植手术前，必须对各种可能存在的风险进行评估。对于不适合移植治疗的患者，必须排除出去。

脂肪干细胞鉴定

体外培养情况下，通过显微镜观察可见，脂肪干细胞贴壁，呈旋涡状生长，长梭形，细胞质丰富、胞核大、核仁明显，有较强分裂增殖能力。通过流式细胞仪检测分析发现，表达间充质干细胞表面标志物，包括簇分化抗原 CD29、CD44、CD90、CD49b、CD105 等。不表达造血干细胞表面标志物，包括簇分化抗原 CD14、CD31、CD45 和 CD144 等。

根据细胞来源、体外培养时形态和生长特性，结合分析细胞表面标志物表达情况，可以对脂肪干细胞进行鉴定。

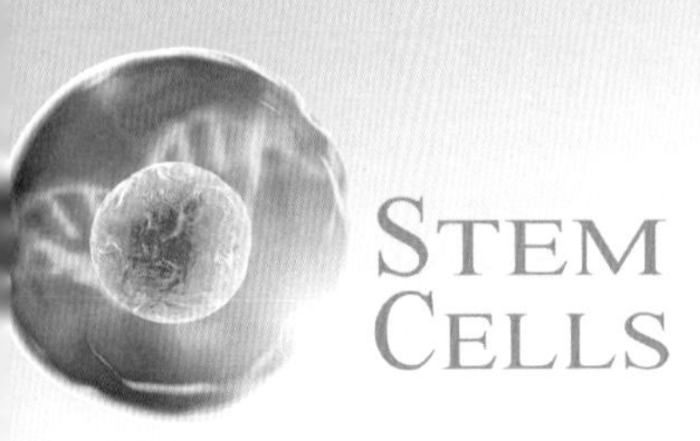

能否打破不能再生魔咒——神经干细胞

神经系统是人体的司令部，通过各种“指令”协调控制人体各种生命活动和行为。神经系统分为中枢神经系统和周围神经系统，前者包括脑和脊髓，后者包括中枢神经和周围神经。神经组织是由神经细胞和神经胶质细胞组成。神经细胞又称“神经元”。神经组织再生与干细胞有关。

不能再生魔咒

科学家发现，周围神经组织损伤后，可以再生。然而，中枢神经组织损伤后能否再生，却没有定论。这成为困扰生物医学界的一大魔咒。

过去人们长期认为，中枢神经系统的神经细胞，在出生前或出生后不久，就不能再生了。

但随着1992年科学家从成年鼠脑纹状体和海马组织中分离出神经干细胞，这一魔咒似乎被打破，改变了人们对中枢神经系统神经细胞不能再生的“偏见”。研究显示，在包括人类在内的有些哺乳动物大脑海马区都观察到了新神经细胞再生过程，这一发现无疑具有重要的科学意义。大脑海马区与学习活动、近期记忆、情绪反应或控制、某些内脏活动等有关。海马区中产生新神经细胞，有助于提高学习和记忆能力，改善人的智力，可以预防或治疗抑郁症、阿尔茨海默病及其他大脑疾病。这一发现，仿佛一针兴奋剂，有力地激发了人们对神经干细胞探索的兴趣。

可惜，多年后，事情又出现了反转。

2018 年 3 月 15 日，世界著名学术期刊《自然》（*Nature*）杂志发表的文章《从儿童到成人海马神经急剧下降到无法检测水平》，又颠覆了以前的认识。论文是美国加州大学旧金山分校的科学家肖恩·索雷尔斯（Shawn Sorrells），与西班牙巴伦西亚大学、复旦大学附属中山医院等单位的科学家，联合在《自然》杂志发表，推翻了过去长期认为的成年人海马神经细胞可以再生的观点，认为人类成年后海马神经细胞不会再生。甚至在自然状态下，人类整个中枢神经系统的神经细胞及轴突，在成年后都无法再生。这一发现，无疑让人有些失望。

但毕竟人类不同于其他哺乳动物。人体内最后一个神经细胞在童年时期诞生。通过对胎儿到老年人的神经细胞研究发现，最古老的未成熟神经细胞发现于 13 岁儿童脑内，随着年龄增长，神经细胞发育停止。与动物大脑相比，人类大脑难以想象的复杂。动物成年后能产生新神经细胞，人类却不能，其中奥秘科学家仍没有完全揭示。

神经再生现象

在自然情况下，周围神经组织损伤后再生能力较强，中枢神经组织再生能力极差。实验表明，脊髓损伤后神经轴突近端会出现再生出芽现象，不过很快会停止生长，许多小芽相互缠绕形成神经瘤。科学家研究发现，之所以不再生长，与中枢神经细胞所处环境中的生长因子和抑制因子浓度有一定关系。

通过外界干预，进行神经生长的双向调节，即一方面解除神经抑制因子的抑制生长作用，另一方面发挥神经生长因子的促进生长作用，中枢神经组织中的细胞才能实现再生。

首先是解除神经抑制因子的作用。在中枢神经组织髓磷脂中，存在抑制神经生长的因子勿动蛋白 -A（Nogo-A）。勿动蛋白 -A 属于神经轴突生长抑制因子家族中的一员，这个家族共有三名成员，其余两个是勿动蛋白 -B（Nogo-B）和勿动蛋白 -C（Nogo-C）。中枢神经细胞损伤后，勿动蛋白 -A 通过与神经细胞表面的勿动蛋白受体（nogo receptor，NgR）结合，发挥抑制神经生长的作用。研究发现，通过制备可与勿动蛋白特异性结合的单克隆抗体，进行抗原抗体中和反应，能够解除勿动蛋白对轴突生长的抑制作用，实现轴突损伤后再生修复。还可通过敲除勿动蛋白基因、可溶性勿动蛋白受体片段、勿动蛋白受体阻断性肽段等措施，实现中枢神经组织再生。

在中枢神经组织髓磷脂中，还存在其他神经抑制因子，如髓磷脂相关糖蛋白（myelinassociated glycoprotein，MAG）、少突胶质细胞髓鞘糖蛋白（oligodendrocyte myelin glycoprotein，OMgP）等。与 Nogo-A 类似，MAG 和 OMgP 两种因子也是通过与神经细胞表面的勿动蛋白受体结合，发挥抑制神经生长作用。

其次是发挥神经生长因子的作用。在中枢神经组织中，促进神经再生的因子主要有白血病抑制因子、神经营养因子、神经节苷脂等。白血病抑制因子在脑和脊髓损伤后，可增强神经营养因子表达，促进神经再生。

神经营养因子是一个蛋白家族，包括神经营养因子-3（neurotrophin-3，NT-3）、神经生长因子（nerve growth factor，NGF）、脑源性神经营养因子（brain-derived neurotrophic factor，BDNF）、睫状体神经营养因子（ciliary neurotrophic factor，CNTF）等，都具有促进神经组织再生的功能。神经节苷脂是一种含唾液酸的鞘磷脂，在脑组织中含量丰富，可以促进脑神经细胞再生。

神经干细胞获取

人类及哺乳动物体内的神经干细胞主要来源于脑和脊髓。胎胚和成人脑组织，尤其是早期胎儿的神经组织，干细胞含量丰富。生物学家研究发现，在成年啮齿类动物和成人脑中存在两个神经干细胞群，分别位于侧脑室下区和海马齿状回区。胚胎和成人脊髓室管膜下都分布有干细胞，可诱导分化为神经细胞和神经胶质细胞。

通常，可从胎鼠、成年鼠以及人脑内的海马、室下区等部位分离培养神经干细胞。神经干细胞也可以由其他干细胞诱导分化产生。能够分化为神经干细胞的干细胞很多，包括胚胎干细胞、骨髓间充质干细胞、脐带血造血干细胞、脂肪间充质干细胞、脐带间充质干细胞、毛囊干细胞、牙髓干细胞、诱导多能干细胞（iPSC）等。

在体外，神经干细胞可进行原代培养和传代培养。在利用干细胞再生组织器官时，遇到的最大障碍是神经和血管的再生。

神经干细胞移植治疗

神经干细胞是存在于神经组织中，可分化为神经细胞和神经胶质细胞，也可转分化成血细胞、骨骼肌细胞、骨髓细胞等，用于临床移植治疗。

2005 年，《中国生育健康杂志》第四期报道，5 月 17 日原海军总医院（现中国人民解放军总医院第六医学中心）为一名出生仅 72 天的小儿脑性瘫痪女婴进行神经干细胞移植治疗。患儿出生于河北省，就医时全脑皮质严重萎缩，空洞脑，专家会诊后，确定为严重缺血、缺氧性脑病，脑性瘫痪前期。经医院学术委员会和伦理委员会批准，小儿干细胞移植中心主任栾佐教授团队，先从正常流产胎儿大脑中取出脑组织，再进行干细胞培养扩增。在 B 超引导下，于患儿头颅穿刺，用探针将处理过的来源明确的 4.7×10^6 个健康神经干细胞，种植到受损大脑部位。17 天后，这名女婴会笑了，眼睛灵活了，可以玩拨浪鼓，还能认出妈妈。经观察测评，孩子智力发育已经追上同龄小儿。智力运动评估表明，从入院时不足 1 月龄发展为基本达到 3 月龄水平。原军事医学科学院（现军事科学院军事医学研究院）医学情报部门检索证实，这种神经干细胞脑移植方法，成功治疗缺血缺氧造成的小儿脑性瘫痪，在世界上尚属首例，填补了一项国内、国际空白。

神经干细胞移植治疗，可通过多种途径进行，包括动脉内注射、静脉内注射、立体定向脑内注射、脊髓局部注射、腰椎穿刺蛛网膜下腔注射、脑室穿刺注射、枕大池穿刺注射等。

动物实验和临床治疗实践表明，通过病变部位直接注射神经干细胞，治疗效果显著。无论是自体移植，还是同种异基因移植，都极少发生免疫排斥反应。在脑内微环境诱导作用下，移植的神经干细胞增殖分化为神经细胞、神经胶质细胞等，用于治疗中枢神经系统性疾病，包括脑性瘫痪、脑出血、脑萎缩、脊髓损伤、脑梗死、帕金森病、多发性硬化症、肌萎缩侧索硬化、脊髓损伤、精神分裂症、脑外伤后遗症、脑梗死后遗症、脑卒中后遗症、颅内血肿后遗症、偏瘫、阿尔茨海默病、共济失调、重症肌无力等。

神经干细胞鉴定

通过观察体外培养细胞的生长特性和形态、分析细胞表面标志物、检测细胞分化潜能等方法，进行综合鉴定。

在倒置显微镜下观察，24 小时内原代培养的神经干细胞会自动聚集成球形生长，细胞异质性大。能够在无血清培养环境下存活，但经无血清培养后，部分细胞会崩解死亡。可通过对称分裂和不对称分裂进行增殖，其中不对称分裂形成一个祖细胞和一个干细胞，祖细胞经有限分裂后分化形成神经细胞和神经胶质细胞，干细胞则继续分裂。

利用流式细胞仪，检测神经干细胞特异性表面标志物巢蛋白（nestin）、波形蛋白（vimentin）、RNA 结合蛋白（musashi-1）、转录因子及细胞黏附分子、神经元特异性烯醇酶、半乳糖脑苷脂、神经胶质酸性蛋白等。神经元特异性烯醇酶是成熟神经细胞的特异性标志，半乳糖脑苷脂是成熟少突胶质细胞的标志物。巢蛋白和 RNA 结合蛋白是目前常用的鉴定神经干细胞的特异性标记物。巢蛋白是一种神经干细胞特异性细胞骨架蛋白，通过巢蛋白免疫组化染色法进行鉴定，阳性细胞被染成棕黄色。

在体外培养条件下，神经干细胞经诱导后，可纵向分化为神经组织内的神经细胞、星形胶质细胞、少突胶质细胞，以及横向分化为其他组织的细胞类型，如血液细胞、肌肉细胞、肌腱细胞等。

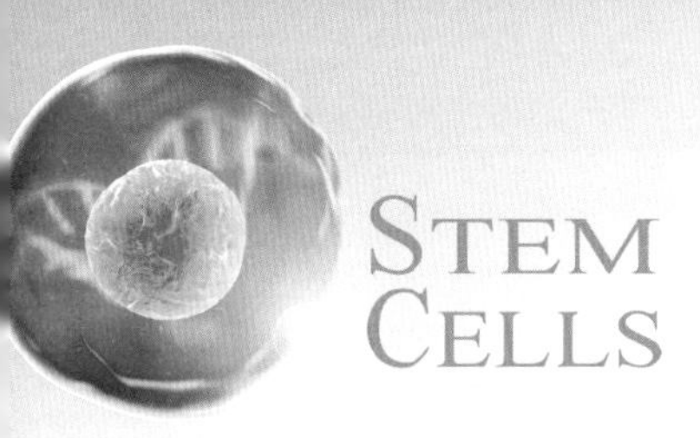

发育分化能力仅次于受精卵的干细胞——胚胎干细胞

胚胎干细胞是人体内发育分化能力很强的干细胞，在发育等级上仅次于受精卵。全能胚胎干细胞具有全能性，能够发育形成完整个体，可用于克隆。

生殖细胞的全能性

科学家发现，人类发育成熟的生殖细胞，即精子和卵子，不具有全能性。就是说，单独的精子或卵子不能发育为胎儿。蜜蜂就不同，受精卵发育为蜂王，未受精卵发育为工蜂或雄蜂。这种生殖现象，在学术上有一些专门术语，称为“孤雌生殖（parthenogenesis，来源于希腊词根，意为‘处女生产’）”“单性生殖”“处女生殖”。

孤雌生殖现象在一些低等动物中普遍存在，包括常见的昆虫类（如家蚕、蚂蚁、毒蛾、竹节虫、棉蚜虫）、两栖类（如青蛙）、爬行类（如新墨西哥鞭尾蜥蜴、科莫多巨蜥、网纹蟒)、鱼类(如窄头双髻鲨)、鸟类(如火鸡)等。进行孤雌生殖的动物，未受精的卵子和由卵子成熟过程中形成的副产物极体融合，而不是精子。融合了极体的未受精卵，暂且称为“受极卵”，就是一种全能干细胞，是生命的种子，可以通过胚胎发育过程，形成完整个体。这就是有些动物孤雌生殖的秘密。

孤雌生殖方式看似简单，却有利于大量繁殖个体。

那么，高级的哺乳动物和人为什么不进行孤雌生殖呢？这可能与孤雌生殖无法规避的缺点有关。孤雌生殖仅是接受母亲基因，往往子代体型异常、寿命短。譬如蜂王个体大，寿命为 3~5 年；雄蜂、工蜂个体小，雄蜂寿命约为 3 个月，工蜂寿命约为 28 天。有性生殖的子代接受父母亲基因差不多各一半，具有父母双方基因优势。

之所以说“差不多”是由于实际上子代接受母亲基因略多，一方面是因为 X 染色体上有更多基因，另一方面是因为子代的线粒体基因全部来自母亲。所以从遗传学角度讲，孩子的智商更多地由母亲决定，是有科学道理的。通俗意义上认为的男人传宗接代，不如说女人传宗接代更符合科学逻辑。

有性生殖具有“混血”基因优势，是一种更高级的繁殖方式。食物链顶端的哺乳动物和人进化为有性生殖，而底端的昆虫保留了孤雌生殖，这是大自然物竞天择的结果。然而，孤雌生殖有利于个体大量繁殖，虽然注重数量，不注重质量，但是更有利于低级物种生存，不容易灭绝。

通过现代高科技干预，不能孤雌生殖的哺乳动物，也可以进行孤雌生殖，甚至孤雄生殖。2018 年 11 月，国际知名学术期刊《细胞干细胞》(*Cell Stem Cell*)杂志报道，中国科学院动物研究所的科学家们，通过印记基因(子代仅表达双亲之一的同源基因)删除技术和细胞核细胞质杂交技术，将精子构建的单倍体胚胎干细胞、精子、去核卵母细胞组成杂种细胞，培育成功双父亲小鼠。令人遗憾的是，这种孤雄生殖诞生的双父亲小鼠比野生型小鼠大，身材臃肿，寿命短，48 小时内死亡，但是外貌正常，可以自主呼吸。而在自然界里，孤雄生殖现象十分罕见，迄今仅在一种斑马鱼中发现。在此之前，2015 年该研究团队还培育出了孤雌生殖的双母亲小鼠，与野生型小鼠相比，体型小，发育迟缓，寿命长，能够繁殖后代。

胚胎干细胞克隆

“克隆”一词是英文“Clone”音译，起源于希腊文“Klone”，意思是嫩枝或插条繁殖，类似于柳树扦插育苗。克隆的生物学定义有两层含义：一是指无性繁殖；二是指从一个共同祖先经过无性繁殖产生的后代群体。从这个定义分析，试管婴儿不属于克隆，仅是一种人工辅助生殖。

试管婴儿是精子卵子在体外受精，进一步发育成胚泡，再移植到母体内继续发育，直到婴儿诞生，经历了两性生殖细胞参与的有性生殖过程。

绵羊多莉（Dolly）的诞生属于克隆。在英国爱丁堡大学兽医学院罗斯林研究所，伊恩·威尔穆特（Ian Wilmut）等科学家首先用极细的吸管，从苏格兰黑面羊注射促性腺激素后排出的卵细胞中取出细胞核，同时也从怀孕三个月的 6 岁母羊——芬多席特的乳腺细胞中取出细胞核，立即送入取走细胞核的苏格兰黑面羊卵细胞中，攒一个人工细胞，并让这个细胞像受精卵那样在试管里发育、分化，形成胚胎。最后把这个胚胎移植到代理母亲——另一只苏格兰黑面羊子宫内，继续进行胚胎发育，直到诞生。

克隆羊多莉是世界上第一个体细胞克隆动物，一度轰动全球，成为动物明星。多莉的细胞核基因来自芬多席特母羊乳腺细胞，线粒体基因来自苏格兰黑面羊。多莉的性别跟细胞核供体一样，是母羊。

分析多莉的诞生过程，不难发现，虽然作为主要遗传物质的细胞核基因来自乳腺细胞，属于体细胞，但是，作为生殖细胞的卵细胞却提供了细胞质，里面含有线粒体基因。克隆羊多莉并不是百分之百的体细胞克隆，起码生殖细胞参与了克隆过程，并贡献了极少量基因。这与“理想”中的克隆，如孙悟空拔下毫毛一吹就变成无数个和自己一模一样的猴子，根本没有生殖细胞参与，还是具有本质区别。

归根结底，乳腺细胞是成熟体细胞，已经完成了发育分化，不再具有干细胞的多向分化能力。要想重启分化潜能，利用卵细胞的细胞质进行激活是一条途径，于是，攒一个人工细胞。这个人工细胞具有类似受精卵的发育分化能力，能够再生完整个体，实际上是一种全能干细胞。

绵羊多莉是体细胞克隆，成功率仅有 1/277，即约 0.36%。随着技术进步，体细胞克隆成功率可以提高到 1%~5%，但是受精卵易发生死亡，胚胎易发生畸形、流产、早产现象。克隆动物成年后易发生早衰、过度肥胖、疾病、寿命短等问题。然而，当采用干细胞的细胞核进行克隆时，成功率会大幅度提高，利用骨髓间充质干细胞克隆猪的成功率，可以达到 20%。利用胚胎干细胞克隆的成功率会更高。

中国科学院动物研究所培育成功的双父亲小鼠或双母亲小鼠，都是利用单倍体胚胎干细胞进行克隆。在孤雄生殖中，首先将小鼠精子注射到去核的小鼠卵细胞中，攒一个人工细胞，经过胚胎发育制成单倍体胚胎干细胞系，然后将一些雄性印记基因删除，使这个单倍体胚胎干细胞雌性化，再将这个雌性化的精子来源的单倍体胚胎干细胞和精子一起，转入去核的受精卵中，重新攒一个具有再生完整个体能力的人工细胞。这个新攒起来的人工细胞具有类似受精卵的发育分化能力，通过胚胎发育，诞生双父亲小鼠。从孤雄生殖的双父亲小鼠整个诞生过程看，没有发生精子卵子结合，属于克隆范畴。

与体细胞克隆一样，胚胎干细胞克隆也存在缺陷。胚胎干细胞克隆的动物存在过度肥胖等异常现象，可能是由于一些基因在胚胎发育过程中错误表达。同时由于伦理问题，人类胚胎干细胞生殖性克隆研究受到严格监管，以避免产生人格、智力、生理缺陷人口。世界各国都严格禁止克隆人实验。克隆人有违伦理学中的不伤害原则和尊重原则，既伤害、不尊重克隆人，又伤害、不尊重相关人。但是，可以进行以医疗为目的的治疗性克隆研究。

治疗性克隆的策略是，从患者体内获取体细胞，将细胞核转入去核的人卵细胞中，在体外试管环境下诱导卵细胞发育成胚胎，再从 14 天前的胚胎中提取胚胎干细胞，对患者直接进行移植治疗。由于胚胎细胞核基因来自患者，移植的干细胞不会发生免疫排斥反应。也可以用胚胎干细胞做种子细胞，利用组织工程技术在体外再生患病的组织器官。临床上可供移植的肝脏、胰脏、肾脏、心脏、肺脏等器官资源严重缺乏，利用胚胎干细胞克隆和组织工程技术再生这些器官，可以为无数严重器官衰竭患者带来希望。

由于实质性器官过于复杂，迄今还未见报道在体外再生成功的例子。一些相对简单的组织已在体外再生成功，包括皮肤、软骨、骨、心脏瓣膜、牙周组织等，且有些已经批准临床应用。只是体外再生的皮肤组织还存在一些缺陷，如缺乏汗腺、皮脂腺、毛囊等，使人造皮肤功能受到影响。若用胚胎干细胞做种子细胞，也许能让再生更加完美。

胚胎干细胞人造精子

据 2009 年 7 月 7 日《干细胞与发育》(*Stem Cells and Development*)杂志介绍，英国纽卡斯尔大学(Newcastle University)人类遗传学研究所的科学家们，利用胚胎干细胞成功培育出了精子。在实验过程中，通过向培养的胚胎干细胞中加入维生素等物质，形成诱导干细胞发育分化的鸡尾酒环境。在微环境培养一段时间后，胚胎干细胞分化，形成了精子。

在显微镜下观察，这种人造精子跟自然精子一样，有头有尾，能够游动。这一研究成果，无疑为精子生成障碍或有缺陷的男患者带来了福音，可以解决困扰他们的传宗接代问题。

人造精子发明人卡里姆·纳耶尼亚(Karim Nayernia)教授希望在实验室里进行人造精子和卵子受精，只是英国法律严格禁止利用实验室产生的人造精子或卵子进行体外受精，这一想法只好作罢。

胚胎干细胞获取与培养

胚胎干细胞最早来自小鼠。1981 年，英国剑桥大学科学家马丁·约翰·伊文斯(Martin John Evans)和马修·考夫曼(Matthew Kaufman)、美国加州大学洛杉矶分校科学家盖尔·马丁(Gail Martin)分别从小鼠囊胚内细胞团分离出干细胞，成功建立胚胎干细胞系。

凭籍干细胞研究成果，2007 年 10 月 8 日伊文斯获得诺贝尔生理学或医学奖。随后，人类胚胎干细胞(human embryonic stem cell，hESC)

分离成功。1998 年，美国威斯康星大学（University of Wisconsin）学者詹姆斯 · 汤姆森（James A. Thomson）等从不孕症患者捐赠的新鲜或冷冻囊胚内的细胞团中成功分离出干细胞，建立人胚胎干细胞系，成为生物医学领域的里程碑事件，成果发表于国际著名权威学术期刊《科学》（*Science*）杂志。

除来源于各种囊胚，包括体外受精时多余囊胚、体细胞核移植所获囊胚和单性分裂囊胚，胚胎干细胞还可从自然或自愿选择流产胎儿细胞、自愿捐献的生殖细胞中获得。在发育分化能力和其他生物学特性方面，原始生殖细胞（primordial germ cell,PGC）,或称“胚胎生殖细胞（embryonic germ cell，EGC）”，与胚胎干细胞类似，甚至有些生命科学家把原始生殖细胞归为胚胎干细胞的一种类型。这种细胞可以产生雌性和雄性生殖细胞，且不同动物原始生殖细胞产生部位会有差异。

人原始生殖细胞并不是在短时期内就全部发育分化为卵原细胞或精原细胞，至妊娠 4 个月左右，少数细胞仍保持未分化状态。从胚胎原始生殖腺或生殖嵴及周围组织中，可以分离人原始生殖细胞。从畸胎瘤分离的干细胞也与胚胎干细胞类似，也可以作为一种胚胎干细胞来源。

与其他干细胞不同，体外培养人胚胎干细胞通常需要滋养层细胞。共培养时，滋养层细胞能够促进人胚胎干细胞增殖并抑制分化。最早使用的滋养层细胞是经丝裂霉素 C 或射线处理的小鼠胚胎成纤维细胞（mouse embryonicfibroblast，MEF），如已经建立细胞系的 STO 细胞，这种细胞通过分泌促进增殖、抑制分化的一些细胞因子，使胚胎干细胞快速增殖并维持干细胞特性。

由于动物来源蛋白对人免疫原性强，后来科学家们开发出多种人源滋养层细胞，包括经丝裂霉素 C 处理的流产人胚胎成纤维细胞、成人输卵管上皮细胞、皮肤成纤维细胞、胎儿肺成纤维细胞、成人或新生儿包皮成纤维细胞、人脐带间充质干细胞和胎盘纤维母细胞。

即使是人源滋养层细胞，也会造成人胚胎干细胞分离纯化困难。为了解决这一难题，科学家又发明了无滋养层细胞的人胚胎干细胞体外培养方法，方便了人胚胎干细胞临床移植，提高了治疗效果。

胚胎干细胞移植治疗

与研究应用较多且已有药品上市的间充质干细胞和造血干细胞相比，迄今还没有胚胎干细胞被批准临床应用。究其原因，一是胚胎干细胞来源、培养相对其他干细胞困难；二是胚胎干细胞研究应用受到一定伦理限制。然而，胚胎干细胞的发育分化能力远非间充质干细胞和造血干细胞能比拟，或者说，胚胎干细胞能够诱导分化为各种造血干细胞和间充质干细胞，更具有临床研究和治疗价值。

开发人胚胎干细胞移植治疗较早的企业，主要有美国杰龙（Geron）公司和先进细胞技术（Advanced Cell Technology，ACT）公司。国内一些医疗机构也开展了人胚胎干细胞临床研究，如首都医科大学附属北京同仁医院、北京大学人民医院等单位。

动物实验和临床研究表明，胚胎干细胞对许多重大疾病具有治疗效果，包括慢性淋巴细胞白血病、血小板增多症、非小细胞肺癌、多发性骨髓瘤、乳腺肿瘤、糖尿病、心脏病、心肌病、帕金森病、软骨发育不全症、骨关节炎、视网膜黄斑变性，以及脊髓损伤、烧伤、机械创伤、骨折等严重损伤。

由于受到伦理限制，胚胎干细胞移植治疗必须符合“14 天规则”。这是由于 14 天内的胚胎尚处于二胚层的前胚胎阶段，还没有发育形成知觉、感觉神经，不是传统意义上的人，只是一堆生物组织，可以用于研究。

胚胎干细胞鉴定

主要从体外培养时细胞形态和生长特性、表面标志物、诱导分化能力等方面进行鉴定。

人胚胎干细胞体外培养时，观察可见细胞排列紧密，呈鸟巢状集落生长，体积可随培养时间延长逐渐增大。细胞体积小，胞浆少，核大，有一个或多个核仁。可长期传代培养，二倍体核型稳定，染色体形态数目正常，不受冻存复苏影响。培养 1 年以上，仍保持很高的端粒酶活性和碱性磷酸酶活性。

人囊胚来源的胚胎干细胞与人原始生殖腺或生殖嵴来源的胚胎生殖细胞，在体外培养时的表现会有所不同。胚胎生殖细胞呈圆形克隆群，难分散。胚胎干细胞对数生长期为 36 小时，而胚胎生殖细胞对数生长期为 12 小时，胚胎干细胞生长相对缓慢。人胚胎生殖细胞集落与小鼠胚胎干细胞类似，呈多层、密集、牢固结合的立体集落状生长，集落内无明显细胞界限。人胚胎干细胞集落相对松散，呈扁平状，集落内细胞界限隐约可见。可见，胚胎生殖细胞比胚胎干细胞具有更加旺盛的生命力。

人胚胎干细胞具有独特的多向发育潜能标记，包括阶段特异性胚胎抗原 3（specific stage embryonic antigen 3，SSEA3）、阶段特异性胚胎抗原 4（SSEA4）、肿瘤相关因子 1-60（tumor relatedantigen1-60，TRA1-60）、肿瘤相关因子 1-81（TRA1-81）、生殖细胞肿瘤标记 2（germ cell tumor marker 2，GCTM2）、八聚体结合蛋白 4（octamer-binding protein 4，Oct4）转录因子等，但不表达阶段特异性胚胎抗原 1（SSEA1）。由于存在种属差异，小鼠胚胎干细胞表达 SSEA1，不表达 SSEA3 和 SSEA4。

令人不解的是，人胚胎生殖细胞跟小鼠胚胎干细胞一样表达 SSEA1，同时又跟人胚胎干细胞一样表达 SSEA3、SSEA4、TRA1-60、TRA1-81。小鼠胚胎干细胞、小鼠胚胎生殖细胞都表现 SSEA1 阳性，可用抗 SSEA1 单克隆抗体检测这两种小鼠干细胞。小鼠胚胎干细胞也表达 Oct4，是发育全能性的标志之一，随着胚胎干细胞分化，表达逐渐降低。

经一定条件诱导后，人胚胎干细胞能够分化为三个胚层来源的各种细胞。接种到裸鼠体内，可产生畸胎瘤。

干细胞与生命再生

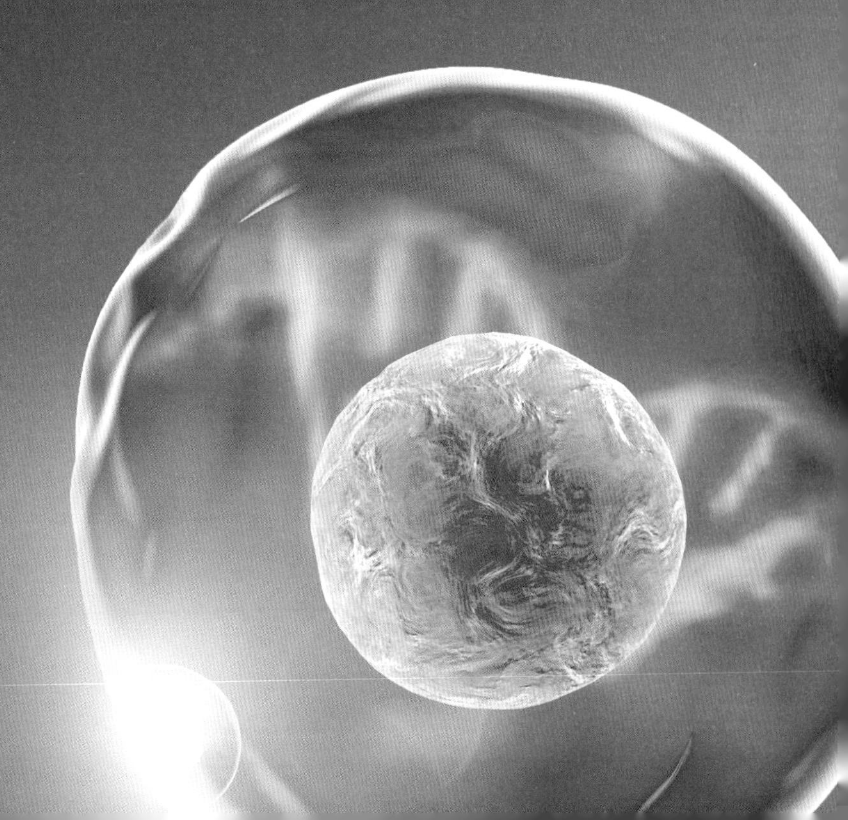

地球上生命有单细胞形式，也有多细胞形式。通常生命形式越高级，体内细胞尤其是神经细胞种类和数量越多，身体结构越复杂。蓝鲸是世界上细胞数量最多的动物，却不是最智慧的生命，就是因为细胞数量虽多，但质量不够。蓝鲸大脑重约 9 千克，包含 215 亿神经细胞，而人类大脑重约 1.2~1.5 千克，却容纳 860 亿神经细胞。人体是一个复杂而精密的生命机器，各种组织细胞分工协作，才能完成个体水平的生命活动。然而所有细胞都有寿命，会自然衰老死亡，会适时凋亡消失，会非正常死亡，如偶然发生物理损伤、化学烧伤、细菌病毒感染等。人体这台生命机器要想正常运转，离不开各种细胞不断再生维护。多细胞生物的生存和延续需要以干细胞起源的生命再生进行保驾护航。在自然情况下，具有复杂多细胞结构的生命体都具有组织器官甚至完整个体再生现象。往往，植物再生能力比动物强，低等动物再生能力比高等动物和人强。人是自然界里最高级的物种，组织器官更新离不开干细胞。

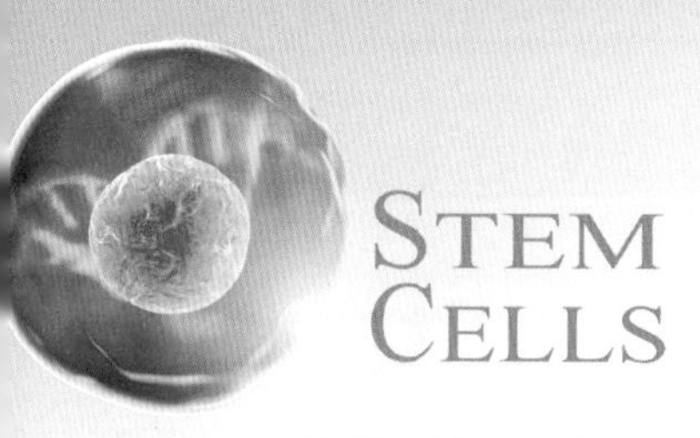

植物体再生

植物再生现象很普遍，再生能力很强大。城乡野外随处可见植物再生现象。理论上，任何一个植物体细胞都含有再生植株的全部遗传信息，都可以再生为完整植株。植物再生原理在农业、林业、牧业、园林等领域早已被认识，并得到实际应用。

局部组织器官再生

韭菜又称“壮阳草”“洗肠草”，有一股特殊辛辣气味，有人喜欢，有人不喜欢。菜田里，韭菜长到一定高度就要从根部收割。过一段时间，被割去的韭菜地上部分又重新长出来。庭院或公园里的草坪草，与韭菜类似，长长了就要修剪，过后茎叶又重新长出来。路边的冬青树，能够修剪成篱笆墙，也是因为冬青树修剪后，枝叶能够重新长出来。再生的部分，往往更加强壮、茂盛。

相对而言，韭菜被去掉的最多，草坪草次之，冬青树最少，但是都能够重新长出来。这表明从菜、草、到树，不同植物摘除局部组织器官后，只要环境条件适宜，就可以快速再生。对直接或间接以植物为食的动物和人而言，植物局部组织器官再生现象十分有益。韭菜再生可以源源不断地提供给人蔬菜，补充膳食纤维、维生素、微量元素等营养物质。草坪草再生可以使草坪生机勃勃，富有生命气息，让人看了赏心悦目。冬青树再生可以使篱笆墙有棱有角，呈长方块状，起到护栏作用。

在园艺中，通过对某些植物反复修剪和再生，可以塑造出栩栩如生的各种造型，如宝葫芦、梯田、香烛等，供人们参观，欣赏。

园艺修剪造型

完整植株再生

虎皮兰，又称虎尾兰，学名 *Sansevieria trifasciata Prain*，是一种常见的家庭养殖花卉。翠绿的虎皮兰，培养一定时期后，若营养、温度、湿度、光照、空气等条件适宜，会从根部冒出一两个或多个笋尖，逐渐长大成完整植株。将小植株从母体分开后，可单独培养成新虎皮兰植株，是繁殖虎皮兰常用方法。这种无性生殖方式具有独特优势，子代可以完好地继承亲代优秀遗传基因。

芦荟也采用无性生殖。兼具美容、药用等价值的库拉索芦荟，学名 *Alove vera* [*L.*] *Burm.f*，又称“洋芦荟”“沙漠芦荟”“翠叶芦荟”，进入繁殖期，可从根部生出小芦荟，分株后独立生长。

有些木本植物同样采用毛状根再生新植株。无花果是许多人喜爱的水果，果园里采用扦插繁殖，就像柳树扦插那样。在自然状态下，可从根部再生小植株，分株后成为新无花果树。

热带雨林里有一种独木成林现象。榕树是一种生长在热带、亚热带的神奇树种，寿命长，长得快，侧根发达，侧枝茂盛。从粗壮的树枝上，垂下一簇簇气生根，接触地面后，插入土壤吸收营养，由细逐渐变粗，同时将营养供给树枝，使树枝不断向外扩展，垂下更多气生根，插入土壤吸收营养，逐渐长大变粗……经过反复循环，无数插入土里的气生根密密匝匝，宛若小树林，蔚为壮观。其实，每个插入土里生出根系的气生根，都可以移栽后长成完整植株。

植物细胞具有全能性，即任何一个植物体细胞都包含有植物的全部遗传信息，理论上可以发育为完整植株。从这个意义上讲，单个植物体细胞的发育分化潜能类似于动物受精卵。与受精卵的遗传基因来自父亲和母亲

利用根再生植株（库拉索芦荟）

利用根再生植株（无花果树）

各一半不同，单个植物体细胞的遗传基因可能来自有性生殖时父亲母亲各一半基因，或无性生殖时父亲或母亲全部基因。

或许有人想，种子能够发育成完整植株，是植物“受精卵”？植物种子和动物受精卵确有相似之处，都能再生完整个体，但它们还真不是一回事。

种子由种皮、胚乳、胚组成，胚又包括胚根、胚轴、胚芽、子叶，每一部分都是包含很多细胞的组织。种子属于多细胞结构，是植物的器官。动物和人的受精卵是单个细胞。鸡蛋、鸭蛋、鸵鸟蛋尽管个头大，也是单个细胞。只是受精的鸡蛋、鸭蛋、鸵鸟蛋能够孵化，没有受精的则不能。

单性生殖

单性生殖又称“孤雌生殖”或“孤雄生殖”。

玉米是禾本科重要粮食作物，雌雄同株异花，既可以自体植株授粉，也可以植株间相互授粉。雄花花穗位于植株顶部，呈倒立扫帚状，俗称“天花”。雌花花穗位于茎秆中部叶腋内，正常情况下受精结实后成为果穗。罕见情况下，雄穗出现结果现象，俗称“天花结籽”。

有人认为这是一种返祖现象。像小麦、水稻、高粱一样，原始玉米是雌雄同花同穗，自花授粉。随着长期进化，雌雄同穗的雄花越来越发达，雌花逐渐退化，顶部被雄穗占据，雌穗迁徙到叶腋位置。雌雄穗分得不彻底，雄穗里仍然保留了雌花痕迹，在极端因素刺激下，雌花发育结籽。这种解释似乎符合科学逻辑，却不符合科学事实，返祖现象无法解释一些问题。

随着研究的深入，科学家发现，天花结籽是玉米孤雄生殖，并没有雌花参与。

孤雄生殖在自然界相当罕见，仅在玉米、烟草、甘蓝型油菜等少数植物中发现。孤雌生殖比较普遍，至少有 36 科 370 多种植物存在这种生殖方式，包括常见的粮食作物（如水稻、高粱、玉米、大麦）、蔬菜（如韭菜）、水果（如草莓、芒果）和调料（如花椒）。看来，雄性做母亲在自然界中是小概率事件，毕竟生殖器官不配套。

玉米（*Zea mays*）孤雄生殖

通常，孤雌生殖获得单倍体植株，即像精子卵子一样，植物体细胞中仅包含一套染色体。孤雄生殖获得二倍体植株，生物性状相对稳定。单倍体植株自交后不发生性状分离，容易产生纯合体，缩短育种周期。

自发孤雌生殖频率低，农作物育种时，常人工诱导形成单倍体植株。诱导方法主要有物理法（如辐射）、化学法（如使用秋水仙素、二甲基亚砜等化学药剂处理)、生物法(如异源种属花粉、迟授粉等诱导),以及高科技细胞拆合、染色体工程等方法。

原生质体与愈伤组织再生

除与动物细胞一样具有细胞膜、细胞质、细胞核外，植物细胞还有细胞壁，起着维持细胞形状和保护细胞作用。除去细胞壁后，仅含有细胞膜、细胞质、细胞核的植物细胞或微生物细胞称为原生质体(protoplast)。从这个角度讲，动物细胞天然就是原生质体。

植物原生质体通常用生物酶来制备，先用果胶酶将植物组织分散成单个细胞，再用纤维素酶除去细胞壁。为了提高制备效率，有时也要用到其他酶，如半纤维素酶、崩溃酶(driselase)、离析酶(macerozyme)、蜗牛酶、胼胝质酶(callosase)等。崩溃酶、离析酶和蜗牛酶是含有多种酶成分的复合酶。植物原生质体包含物种全部遗传信息，可在体外培养，再生细胞壁，进而再生完整植株。譬如，从樱桃树叶分离的原生质体，在试管或培养皿中经适宜营养和环境条件培养后，可以再生樱桃植株。

愈伤组织(callus)是植物损伤后在伤口表面新生的由薄壁细胞组成的组织，可在植物体任何创伤部位形成。顾名思义，愈伤组织由创伤刺激产生，有助于植物伤口愈合，是一种修复性再生。愈伤组织中的薄壁细胞，可起源于植物体任何器官，具有多向发育分化潜能，能够形成不定根、不定芽，再生完整植株。在植物嫁接时，制作砧木、接穗会造成创伤，刺激产生的愈伤组织使砧木、接穗伤口愈合，促进形成新维管组织使砧木、接穗相互连接，打通水分和营养物质运输通道。

扦插可采用新鲜植物根、茎、叶进行，分别称为根插、茎插、叶插。茎插操作方便，在许多木本植物繁殖中常用；根插成活率高，适用于一些茎插不易成活的木本植物繁殖，如核桃树、柿子树、枣树等；叶插成活率不高，仅用于一些种类的多肉植物。无论哪种扦插繁殖，都会造成创伤，刺激形成愈伤组织，有利于产生不定根。扦插创口要求斜切，为的是增加创口面积，形成更多愈伤组织，提高扦插成功率。

利用原生质体、愈伤组织体外培养技术，进行工厂化育苗，能够提高育苗效率，保持亲代优良性状。

补偿性再生

春季新生韭菜纤细瘦弱，割后再长出来会变粗壮。人们爱吃头刀韭菜就是因为营养好，产量少。到了夏季，韭菜生长速度快，收割周期开始缩短，产量随之提高。假如韭菜没有收割，从春天一直长到夏天，产量会很低，这是因为定期收割会刺激韭菜生长，这种现象称为补偿性再生，就是植物经过适当损伤后反而生长更旺盛。根据这个原理，移栽韭菜时，需要割去一些须根和叶子，就是为了移栽后刺激生长。

种植甜瓜时，当植株长出几节高，就需要摘除顶芽，为的是更多侧枝萌发，提高产量。新生果树打顶摘心，也是为了促进侧枝萌发生长，保持树形，多开花，多结果。水培豌豆苗长到一定高度，就可以作为蔬菜收割。收割后，继续水培，新枝叶能从割处下部叶腋处萌发出来，又可以长成郁郁葱葱的蔬菜，这也是一种补偿性再生。

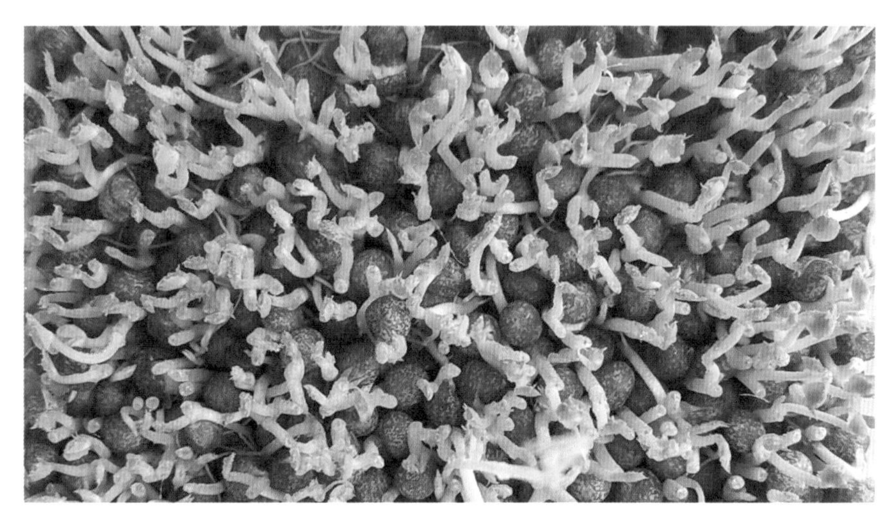

豌豆割后补偿性再生

补偿性再生是植物为适应动物或昆虫采食进化出来的一种自我保护行为，会促进自身生物量增长，但是不能过度或频繁损伤植物，否则会导致植物死亡。如草原上过度放牧，会造成牧草死亡，草场退化。草原保持适当载畜量，能让牧草补偿性再生，养活更多牛羊。

植物生殖及再生的奥秘

植物繁殖方式分为有性生殖和无性生殖，两种生殖方式或同时进行，或交替进行，或单独进行。人们最熟悉的开花植物，学名“被子植物”，是通过与人类相似的精子卵子结合成受精卵进行有性生殖。精子藏在雄蕊花药的花粉里；卵子藏在雌蕊子房的胚珠里。受精时，落在或涂在雌蕊柱头上的花粉，在柱头分泌黏液刺激下，萌发生成细长花粉管，穿过花柱，伸入子房，直达胚珠，释放精子，与胚珠里卵子结合，形成受精卵，发育形成种子里胚。受精卵是全能干细胞，经发育分化形成胚根、胚轴、胚芽、子叶所有胚的组织结构。胚属于种子核心成分，种皮、胚乳只是分别起保护和营养作用。

种子能够萌发形成完整植株，表明种子胚里存在多能干细胞。在自然发生的无性生殖方式中，包括毛状根、气生根再生完整植株和单性生殖，都离不开干细胞。根尖分生组织里干细胞含量丰富，是毛状根、气生根再生完整植株的细胞学基础。在单性生殖中，尽管一些机制没有完全弄清，但是可以肯定，植物不同组织器官发生及完整植株再生，不可能离开具有多向分化潜能的干细胞。开花植物干细胞最初来自受精卵，或从成熟体细胞去分化而来。

植物再生可在组织水平、器官水平、个体水平进行。根、茎、叶、花、果实等器官的组织受损后，可以原位再生失去的组织。不同植物不同器官的组织再生能力差异很大，有些相对容易。如韭菜，叶片、须根割去一部分后，很容易再生出来。再如草坪草，叶片、茎秆被修剪后，不久会再生出来。自然界植物或家养花卉，也经常看到叶子受损后无法再生现象。一般来说，稚嫩植物器官受损后比成熟或衰老器官受损后更容易再生失去组织，这是因为前者含有更多的干细胞。植物干细胞可能通过两种机制再生组织，一种是器官里的干细胞大量分裂增殖并分化发育为失去的组织，另一种是受损信号刺激伤口部位体细胞脱分化形成干细胞并大量增殖分化发育为失去的组织。某种器官的组织再生，可能是两种机制都起作用，也可能是一种起作用。只有形成一定数量的干细胞，才能为各种植物组织发育成熟提供稳定而持久的细胞来源。

植物器官损伤后，可以原位再生，也可以异位再生。韭菜、草坪草割去茎秆后，都能再生茎秆，再生茎秆上长满叶子，这是原位再生。甜瓜植

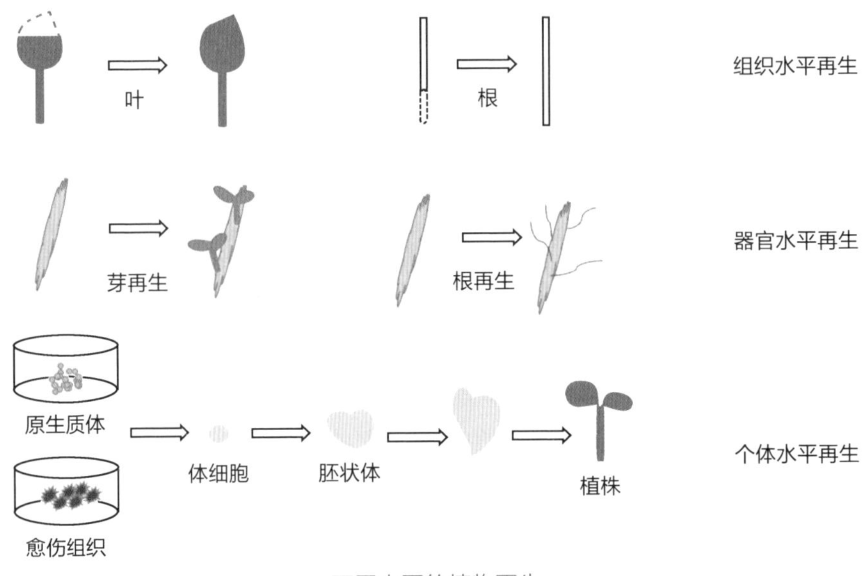

不同水平的植物再生

株去掉部分顶部主蔓后，会从叶腋处长出侧蔓，这是异位再生。豌豆割后重新长出来，也是异位再生。

植物器官损伤后再生，与干细胞有关。再生过程中，发生干细胞增殖分化、体细胞脱分化及再分化等生理过程。具体机制可能因不同植物及同一植物不同器官而有所差异。

自然情况下，经常发生个体水平再生。家庭养殖的虎皮兰、芦荟、无花果，生长季节偶然会有新生小植株从土壤里冒出来，有时长出的小植株不止一个。这种再生可能与根尖分生组织里的干细胞受到环境刺激后过度发育有关，在这个过程中可能也伴随着根部体细胞脱分化及再分化。

体外培养的原生质体或愈伤组织再生完整植株过程，都经历胚状体发育阶段，包括原胚、球形胚、心形胚、鱼雷胚和子叶胚五个时期。在胚状体发生、发育、成熟过程中，伴随着发育等级不同的干细胞形成与分化，只有这样才能发育出或长出具有不同结构功能的组织器官，形成完整植株。

植物干细胞研究是近年来兴起的高科技领域。关于植物细胞如何获得全能性、植物干细胞怎样发生、如何主导植物组织器官分化发育、植物体细胞怎样脱分化为干细胞等许多科学问题，迄今仍是未解之谜。

2005 年，世界著名学术期刊《科学》(*Science*) 杂志为庆祝创刊 125 周年，公布了 125 个最具挑战性的科学问题，其中植物细胞全能性是重要的 25 个科学问题之一。

国内外对植物干细胞研究非常重视。中华人民共和国科学技术部已经在植物干细胞领域立项了若干重大项目，可望植物干细胞研究有所突破。

动物体再生

自然情况下，动物组织器官损伤后，可以再生。某些低等动物，损伤后的组织器官残体甚至可以再生完整个体。高等哺乳动物再生能力不如低等动物，个别器官还是可以再生。

动物界再生之王——海绵

大家对热播动画片《海绵宝宝》里可爱的小海绵形象可能记忆犹新，但下面要介绍的海绵却是一种多细胞低等海洋生物。它古老而原始，6 亿年前就生活在海洋里。说起来还是人类眼神不济，对于这样一种神奇的海洋生物，在长达两千多年的时间里，竟没有搞清它究竟是动物还是植物，为此学者们长期争论不休。

直到 16 世纪末荷兰眼镜商安东尼·范·列文虎克（Antonie van Leeuwenhoek）发明显微镜后，海绵的秘密才逐渐被揭开，确认是一种原始动物。

海绵身体结构简单，仅由内外两层细胞组成，中间为中胶层，个别细胞结构功能虽然有差异，却没有出现组织分化，也就没有头、尾、躯干、四肢。由于身体柔软，遍布孔洞，像泡沫塑料，又生活在海洋中，故名“海绵”。它是一种营固着生活的多孔动物，多数附着在海底坚硬岩石上。喜欢穴居，有时在鲍鱼、牡蛎壳上打洞寄居。

海绵家族庞大，有1万多种，约占海洋动物的6.7%。在数亿年的长期进化过程中，它们为什么能够生生不息，没有灭绝？奥秘就在于海绵具有强大的再生能力。

海绵被切成许多小块抛入海中，每一小块都能长成新海绵。更有甚者，把海绵捣碎过筛后，再混合起来，在环境适宜时，碎海绵几天就能重新组合，形成小海绵。因此，海绵被誉为动物界的再生之王。

有时候，越是简单原始的生物，再生能力就越强。这是自然界物竞天择长期进化的结果。

砍头再生的长生不老动物——水螅

水螅是一种淡水或海水生多细胞腔肠动物，头端有数根触手可捕食，尾端有吸盘可固着，体长仅有几毫米，需要借助于显微镜才能看到。体壁由内胚层和外胚层两层细胞组成，中间是没有细胞结构的中胶层。外胚层已分化出感觉细胞、神经细胞、腺细胞、肌细胞、间细胞、刺细胞，其中刺细胞用于协助捕食。多数种类生活在海洋中，少数种类生活在河流、湖泊、池沼、溪流中。可从清澈缓流的小溪、稻田中捕捉，通常附着在水草上生活。

水螅学名“Hydra”，源于古希腊神话魔兽九头蛇海德拉。传说这个怪物有九颗脑袋，砍掉其中任何一颗，立刻就会长出两颗来。用这个魔兽名字命名水螅，说明无论外貌还是再生能力，水螅都与海德拉类似。

水螅繁殖能力强大，再生能力惊人。环境适宜时，进行出芽生殖。在早春和深秋环境变化时，产生精巢、卵巢，进行有性生殖，同时仍会进行出芽生殖。将水螅身体切成许多小块，每个小块都会卷缩成小球状，都能再生为健康的完整水螅，十分神奇。

水螅死亡率极低，理论上具有无限再生能力，能够永远保持年轻状态，常被用来进行抗衰老研究。如果将来有一天能够解开水螅永生的秘密，也许人类能够从中受到启发。

断腕再生的海星

海星属于棘皮动物，生活在海水中。多数海星外形似五角星，小到 2~5 厘米，大到 90 厘米，体色艳丽，吸引人，有红色、橘黄色、紫色、蓝色、青色等类型，是一种十分迷人和令人遐想的海洋动物。

海星属于肉食性动物，以小型贝类、甲壳类、鱼类等为食，是海水养殖避讳的动物。海星进食双壳类时，先用腕足吸住两片贝壳，利用腕足吸盘的真空作用，将两片贝壳拉开，然后从口里吐出胃来，分泌一种液体将贝类麻醉，张开双壳，使胃分泌的消化酶将闭壳肌、肉和内脏部分消化并完全包住，送入口中继续消化。

海星行动迟缓，经常被鸟类、大型鱼类等天敌撕碎，还好由于再生本领大，物种得以生存下来。在海滩游玩，偶尔能够看到“缺胳膊少腿”的受伤海星，仔细观察可以发现，新腕足已悄然长出。把健康海星撕碎后，抛入海中，过几天每根腕足都能再生出小腕足和小口，再过一个月，旧腕足脱落，又再生小腕足，数月乃至一年后，一个肢体健全的五腕足海星再现。

科学家研究发现，前 60 天海星腕足再生速度很快，大约能再生腕足的 40%~50%，此后再生速度逐渐变慢。将砂海星（*Luidiaclathrata*）的腕足从基部切断后，大约需要 380 天能够长出一个完整新腕足。罗氏海盘车（*Asterias rollestoni*）腕足受损后，从伤口愈合到完成再生的整个过程，大约需要数个月。

吐脏再生的海参

海参属于海洋无脊椎动物，体型呈圆筒状，粗细长短因不同种类而异。据统计，全世界有 900 多种海参，有些生活在万米的深海海底，不能食用。能够食用的大型海参，呈纺锤体，即头部和尾部细，中间躯干部粗，背部遍布疣足。刺海参寿命可达 5 年以上。

多数海参雌雄异体，仅从外形上很难分辨，一般 2~3 年可达性成熟。

由于行动笨拙，为避免被天敌掠食，海参进化出了惊人的再生能力。切下海参一点点肉，都能长成为一个完整新海参。当遭遇天敌或危险刺激时，海参还会使出“苦肉计”，吐出内脏，转移捕食者注意力。然而不用担心，吐出内脏的海参还会再生出新内脏。

内脏再生从消化道开始，所需时间因物种不同而异，短则 7 天长则 145 天可完成再生。整个再生过程分阶段进行，伤口愈合是第一阶段，然后依序再生肠组织膜、管状肠管等组织。这种强大的再生能力，使海参敢于在强敌面前亮剑，吐出内脏御敌，以求保住性命。

断肢再生的青蛙、蝾螈与断尾再生的壁虎、蜥蜴

海绵、水螅、海星、海参等都是低等无脊椎动物，高等脊椎动物如两栖类、爬行类、哺乳类和人类也存在再生现象，只是再生能力不如无脊椎动物。

青蛙是一种两栖动物，小时候像鱼儿一样栖息在水里生活，称为“蝌蚪”，长大以后尾巴消失改为栖息在陆地上生活。蝌蚪是一种可爱的小动物，如果尾巴不幸被天敌咬掉，几小时便可以再生出新尾巴，不会留下任何瘢痕。刚刚开始在陆地生活的小青蛙，如果不慎弄断前肢或后肢，新肢可以再生出来。不过蝌蚪、小青蛙的这种断肢再生能力，在成年后就渐渐消失了。

同样属于两栖类的国家二级保护动物蝾螈，附肢甚至头部被其他动物吃掉后，都能够重新长出来，跟原来一模一样，就像无痕修复。这种长得很像蜥蜴的神奇动物的超强再生能力，实在令人叹服。也因此，蝾螈常被用于研究断肢再生的模型动物。

壁虎、蜥蜴是常见的爬行动物。壁虎俗称“四脚蛇”，在居家墙缝、瓦檐下、橱柜等处常可发现，昼伏夜出，以蚊子、蜘蛛、蛾子等昆虫为食。蜥蜴在野外杂草丛、石头缝等处常可发现。当壁虎或蜥蜴受到惊吓或遭遇敌人时，只要一碰到它，就会立刻自行弄断尾巴逃生。

弄断的尾巴由于有神经，离开身体后还会摆动一会儿，对敌人起到吓

唬作用，达到自卫目的。

根本不用担心断掉尾巴会长期影响生活，因为过一段时间新尾巴就会从断处再生出来。这种自残式的“生存术”与海参遇到敌害吐出内脏，具有异曲同工之妙，使的都是苦肉计。

皮肤附属物脱落或割伤再生的哺乳动物

高等脊椎动物哺乳类的毛发、指（趾）甲、角、爪等皮肤附属物再生能力强。动物爪相当于人类指（趾）甲，或者说人类指（趾）甲是特化的动物爪，断了后可以再生出来。许多动物有季节性换毛现象，当炎炎夏日到来前，会褪去身上浓密的绒毛，利于高温时散热。即将进入凛凛寒冬时，又会重新长出浓密的绒毛，抵御寒冷。留心观察野生动物或猫狗等家养宠物，都会发现季节性换毛现象。宠物猫狗需要定期洗澡，修剪趾甲毛发。

尽管哺乳动物器官损伤后再生现象非常罕见，还是有少数器官可以再生，如鹿角和鹿茸。

与空心的牛角不同，鹿角是实心的骨质附属物。在麋鹿群里，仅有雄性有鹿角。在发情季节，雄性麋鹿以鹿角为武器，相互竞争与雌性的交配权。到了秋天，发情季节过后，由于鹿角没有了用武之地，会自行脱落。第二年春天，冰雪融化，暖风习习，又到了动物发情季节，鹿角会重新生长出来，而且长得速度很快。

雄性麋鹿的鹿角每年都会脱落。

雄性麋鹿漂亮的鹿角

鹿茸是雄性梅花鹿或马鹿未骨化带茸毛的幼角，是一味名贵传统中药，主治头晕、耳聋、目暗、肾虚、阳痿、宫冷不孕等。割鹿茸时，要余留一点儿，过段时间会长出新鹿茸。如果长期不割鹿茸，会长成鹿角，雄性鹿会以鹿角为武器经常打架斗殴，影响鹿群进食。

鹿茸是哺乳动物可完全再生的附属器官，常用于研究哺乳动物断肢再生。

器官损伤再生的其他动物

除了以上动物器官再生现象，自然界中还有许多动物具有再生能力，包括章鱼、蚯蚓、涡虫、大雁、螃蟹、虾等。

章鱼是一种球形身体上长着许多腕足的海洋动物，相貌丑陋，却身怀绝技。当冬天来临食物匮乏之时，章鱼就潜入海底，自残式地吃掉身上触手，直到八条腕足都吃完，开始闭眼冬眠。翌年春天，海里食物丰富起来，章鱼再长出八条新腕足，很快恢复本来尊荣。把涡虫切成许多小块，每一小块都能再生一个完整的小涡虫，而且，切口面向头部的方向再生头部，切口面向尾部的方向再生尾部。

蚯蚓的再生能力更是令人吃惊，不同的蚯蚓身体可以像植物那样嫁接成活。两条蚯蚓分别切去两端，连接起来可以成活，长成一条新蚯蚓。将蚯蚓尾部切去，并列接上另外两条蚯蚓尾部，会再生出具有一个头两条尾巴的新蚯蚓。

将大雁的喙切去，可以再生完整新喙。虾蟹须子断了，可以再生新须子。鱼鳞掉了，可以再生新鱼鳞。

各种再生是动物正常的生理现象，是一种生存本能。

动物生殖及再生的奥秘

动物有性生殖从精子卵子受精形成受精卵开始。

动物受精卵是一个全能干细胞，具有发育形成完整个体的能力。这个干细胞通过卵裂不断增加干细胞数量，同时在胚胎发育过程中，由卵裂产生的干细胞群不断发育分化，形成若干发育分化能力不同的干细胞群，再经过继续分化，形成具有特定结构和功能的不同种类的组织器官。动物新个体的再生是一个干细胞不断产生和发育成熟的过程，或者说，没有干细胞就不会有动物新个体诞生。

从低等动物到高等动物的各种再生现象，无论是局部组织、器官再生，还是完整个体再生，都离不开干细胞参与。

人类皮肤受伤后，可以再生损伤或缺失的组织。伤口较浅时，愈合后可能不留瘢痕；伤口较深时，愈合后可能产生瘢痕。整个伤口愈合或皮肤再生过程，有皮肤干细胞参与。这是一种成体干细胞，数量极少，位于皮肤组织中，处于休眠状态。当受到皮肤损伤诱发的信号刺激时，会大量增殖，分化形成伤口部位的各种细胞，再生受损或缺失组织，使伤口愈合。人类肝脏部分切除后再生，也是剩余肝脏里的肝干细胞受到刺激后增殖分化的结果。

动物器官再生也需要各种干细胞参与。科学家研究发现，水螅再生过程至少有三种干细胞参与。活体鹿茸组织内有一种特殊干细胞，把这种干细胞从割后剩余鹿茸组织内剔除，会导致损伤处无法长出新鹿茸。将这种干细胞移植到鹿身体其他部位，会惊奇地发现，在移植部位长出新鹿茸。更为不可思议的是，移植到老鼠头上，也能长出新鹿茸。这种诱导鹿茸再生的干细胞就是骨膜细胞。角柄和鹿茸起源于骨膜。除干细胞外，鹿茸再生也需要有角柄皮肤内皮层里的细胞微环境支持，里面包括真皮毛乳头细胞和表皮细胞。

除动物体内本来就存在的干细胞参与再生外，一些类型的成熟体细胞可经诱导后脱分化为干细胞参与再生。

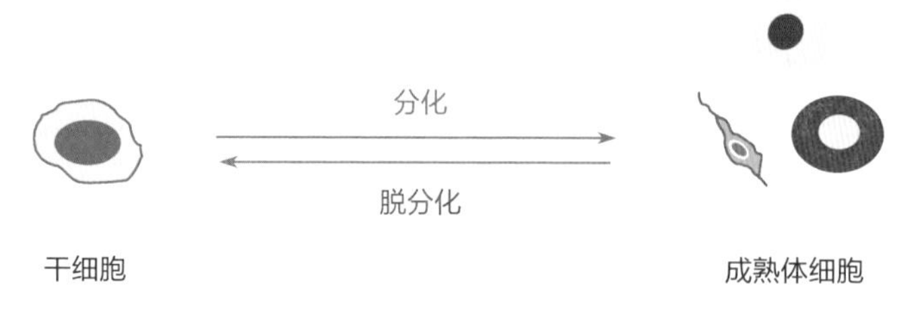

干细胞与成熟体细胞相互转化

罗氏海盘车（*Asterias rollestoni Bell*）是一种具有 5 条腕足的海星，失去腕足后可以重新长出腕足。整个再生过程，包括两个重要步骤：首先损伤腕足处的成熟体细胞，受到创伤刺激后，脱分化为干细胞。然后干细胞大量增殖，形成原基——可发育为组织器官的细胞群，开始再生新腕足。

海参内脏再生过程中，有多种细胞迁移参与形成原基，包括神经细胞、肌细胞、体腔上皮细胞、变形细胞、淋巴细胞等。海参的干细胞位于体腔上皮内，再生初期参与了原基形成。同时，海参体腔上皮细胞脱分化形成的干细胞也参与了原基形成。可能是由于体内“库存”干细胞数量太少，只好将大量成熟体细胞转化为干细胞来补充干细胞数量的不足，加快内脏再生速度，才敢于吐出内脏自残。

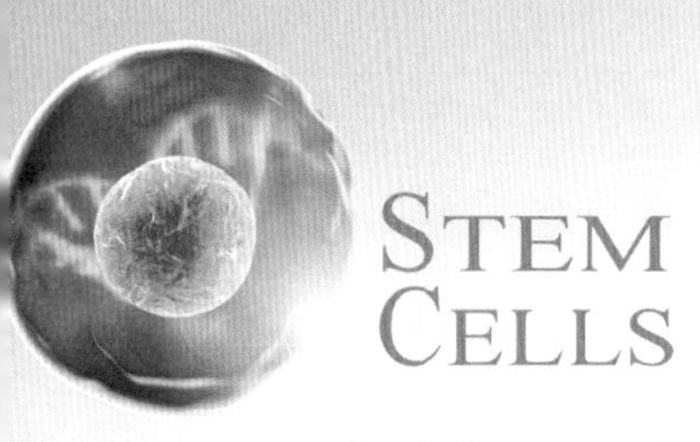

人体再生

再生现象普遍存在于多细胞生物体，人体也不例外。只是与低等动物体相比，人体再生能力有限。根据性质，再生可分为生理性再生和病理性再生。生理性再生属于机体正常生理过程，包括动物换毛、血细胞更新、表皮再生、麋鹿鹿角脱落和再生等。病理性再生属于机体遭受创伤信号刺激后诱导再生，又称“创伤性再生”，包括皮肤创伤愈合、肝脏部分切除后再生等。

生理性细胞自我更新

肉眼常见的人体生理性再生现象莫过于头发、指（趾）甲、胡须重新长出来。这些皮肤附属物生长速度不慢，需要定期修剪整理。如果长期不修剪，就会长得很长，妨碍生活，给人以邋遢的印象，尽管也有个性张扬的艺术家蓄须，美女蓄发、蓄指甲，追求“美髯公”“秀发飘飘”“长甲善舞”的效果。毛发、指（趾）甲属于结缔组织。里面没有血管和神经，不是器官。这种结缔组织由许多死去的角化上皮细胞构成，没有细胞核，没有脱氧核糖核酸（DNA），主要成分是角蛋白。

既然没有DNA，为什么亲子鉴定可以用头发呢？

其实亲子鉴定用的头发不是自然脱落的或是理发剪下来的头发，而是带有少许新鲜人体毛囊组织的头发。新鲜毛囊组织里包含活细胞，有DNA。

毛发、指（趾）甲基部的上皮细胞不断分裂增殖，角质化后死去，新死去的细胞顶着先死去的细胞持续往外延伸，表现为肉眼可见的生长。这跟人体皮肤表面的角质层有些类似。皮肤表面的复层扁平上皮细胞不断分裂增殖，最外面细胞由于缺乏营养渐渐死去，角化后形成角质层。新生细胞不断角化，形成新角质层，推动外面旧角质层不断脱落，形成灰尘。这就是为什么洗澡时总能搓下一些死皮。

人体细胞新陈代谢速度十分惊人。据推测，人体细胞有200多种，数量是40万亿~60万亿。肠黏膜细胞寿命为3天，白细胞寿命为4~5天，味蕾细胞寿命为10天。整个人体，每分钟约有1亿个细胞死亡，其中3千万是血液细胞。需要不断产生新细胞来补充衰老死亡的细胞，以维持正常生理功能。人体每分钟产生3万~4万新皮肤细胞、50多万新胃表面细胞，进行替换消耗死亡的细胞。

病理性创伤愈合

与低等动物相比，人体再生能力有限。人的四肢不像海星、蝾螈、蜥蜴那样，断开后能够再生。如果具有这种神奇功能，世界上残疾人口数量会大幅减少。但是，在创伤刺激下，人体再生潜能会被激发。

人体皮肤受到轻微擦伤时，伤口会很快愈合，可能不留瘢痕。若是受到深层创伤，或出现大块组织缺失，伤口愈合时间就较长，难免会留下瘢痕。人体肝脏组织被部分切除后，过一段时间，能够重新长出来。临床上利用这个原理，可以手术切除肝脏末端早期肿瘤，由于切去的肝脏组织能够再生，不会影响正常生理功能。肌肉、脂肪组织会因创伤出现缺失，可以原位进行再生。手指、脚趾末端意外损伤或手术切除后，也可以重新长出来。

然而，若是整个手指、脚趾被切去，将无法再生。这一点，作为食物链顶端的人类与一些低等动物再生附肢甚至完整个体，简直无法相比。

人体再生的奥秘

干细胞参与了人体生理性再生。每根毛发都由数量巨大的死亡角质化细胞组成。胡须、头发能够持续生长，原因在于根部的毛囊是细胞代谢更新十分活跃的器官。毛囊末端含有大量毛母细胞，不断分裂增殖，分化发育形成角质化细胞。不断新生的角质化细胞，顶着早生的角质化细胞持续向外延伸，形成肉眼可见的毛发生长现象。

毛母细胞是一种干细胞，一方面不断分裂增殖维持干细胞数量，另一方面不断分化发育形成毛发结构。毛母细胞数量和分裂增殖能力决定毛发质量。毛母细胞数量多、分裂增殖能力强，毛发就茂密、粗壮。反之，毛母细胞数量少、分裂增殖能力弱，毛发就稀疏、柔软、易脱落。毛母细胞是毛发的生长中心，作为毛囊发育过程中的重要过渡细胞，本身来源于毛囊干细胞。

研究表明，毛囊干细胞在体外可以诱导分化为多种类型细胞，如神经细胞、平滑肌细胞、黑色素细胞等，在体内可参与表皮、皮脂腺、毛囊形成以及皮肤伤口愈合等生理病理过程。目前，关于毛囊干细胞如何参与毛囊结构形成还没有完全弄清楚。

指（趾）甲和毛发同属于皮肤附属物，能够持续生长的机制类似。甲基质细胞位于甲根部，像毛母细胞一样，具有干细胞性质，能够持续分裂增殖，不断分化发育为角质化细胞，表现为指（趾）甲生长现象。表皮干细胞是甲基质细胞来源。

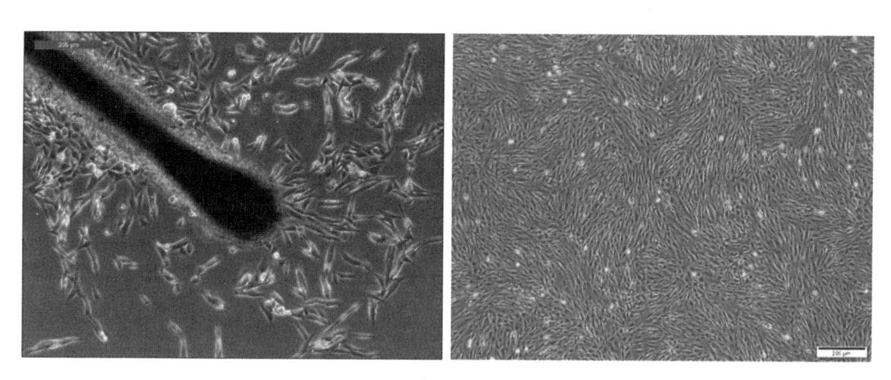

毛囊干细胞

（左图：干细胞从毛囊中释放出来；右图：体外培养中呈旋涡状生长）

人体病理性再生离不开干细胞。创伤刺激可诱导皮肤干细胞增殖分化，再生新皮肤组织，表现为创伤愈合现象。手术切除部分肝脏组织后，能诱导剩余肝组织里的干细胞增殖分化，再生新肝组织。没有各种干细胞参与，就无法完成不同组织再生。

理论上讲，人类体细胞包含有所来源的人体的全部遗传信息，具有再生完全人类个体的可能。然而在胚胎发育和人体成熟过程中，包括各种干细胞在内的人体细胞的全能性逐渐丧失，无法像受精卵或植物体细胞那样发育成完整个体。利用物理、化学、生物等因素诱导，人类成熟体细胞可以通过改变基因组重编程，即改变细胞里所有基因在时间空间上的表达顺序，使已经完成分化的体细胞脱分化为全能干细胞。这种干细胞能像受精卵一样发育为完整个体，可以在体内进行任何患病组织器官再生，再也不需要进行器官移植。当然，这种通过脱分化形成的人类全能干细胞只是一种学说，还没有在实验室里实现，更不用说临床应用了。

迄今为止，科学家们在人体成熟细胞诱导为干细胞方面取得了不少进展，让人们看到了希望的曙光。

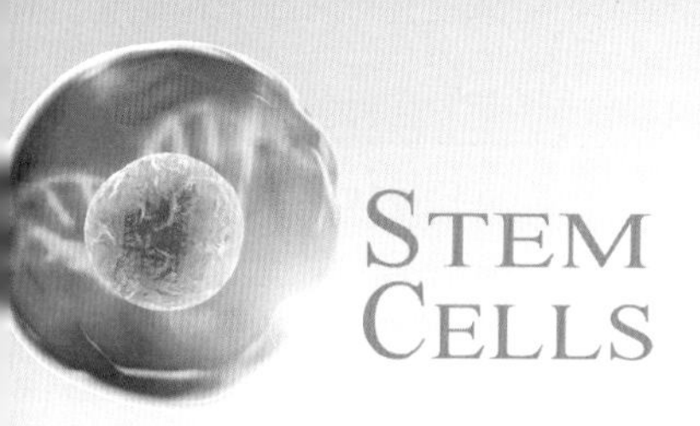

人类组织器官再生原理

人类组织器官再生是当今生物医学前沿研究领域，也是重点和难点所在。揭示人类组织器官再生奥秘，有助于临床医学实现换器官就像换零件的跨越式发展。

表变态再生与变形再生

在生理性再生中，如人皮肤表皮组织脱落后再生、血细胞再生等，由于有干细胞参与，能够重建原有组织的结构功能，属于完全再生。

病理性再生就没有这么简单。表变态再生（epimorphosis regeneration）是病理性再生的主要机制之一。在再生过程中，损伤组织器官内原有干细胞，以及伤口附近组织成熟体细胞脱分化形成的干细胞，不断分裂增殖，形成储存大量干细胞的原基，由干细胞原基形成新生组织器官。这种再生方式，又称“重建再生”，往往可以重建组织器官的结构功能，属于完全再生。如人胡须、头发修剪后再生，动物换毛（羽），再如人指（趾）甲修剪后再生。

病理性再生的另一主要机制是变形再生（morphallaxis regeneration）。组织器官损伤后，脱分化、迁移的细胞聚集在伤口部位增殖分化，形成新组织。这种再生方式，由于往往发生组织重排，新生组织的结构功能会改变，属于不完全再生。如人体出现较大的缺损性创伤，常常无法以再生与原来结构相同的组织的形式进行修复，新生肉芽组织代替后形成瘢痕。再如虾的眼柄切除后，原位长出触角，再生器官功能发生改变。

在病理性再生中，表变态再生和变形再生两种机制经常同时存在，以加快组织器官再生速度，提高人类生存能力。

细胞凋亡诱导再生——置之死地而后生

人体内细胞死亡主要有两种方式，即生理性凋亡和病理性坏死。细胞坏死是人体细胞受到物理因素（如辐射、高温、电击和机械创伤），化学因素（如强酸、强碱和有毒物质），生物因素（如病毒、细菌和真菌）以及病理性刺激等作用发生的被动死亡。细胞凋亡是机体为维持内环境稳定、组织器官发育需要以及进化等目的而进行的由一系列基因控制的主动死亡，又称“程序性细胞死亡（programmed cell death）”或“细胞自杀（cell suicide）”。可见，生理性细胞凋亡和病理性细胞坏死具有本质区别。

科学家对细胞凋亡的认识是一个渐进过程。1965 年澳大利亚发育生物学家理查德·洛克辛（Richard A. Lockshin）和卡罗·威廉姆斯（Carroll M. Williams）在研究老鼠心脏病时第一次提出“程序性细胞死亡（programmed cell death，PCD）”一词。1972 年澳大利亚病理学家约翰·克尔（John Kerr）等首先提出“细胞凋亡（cell apoptosis）”概念。

Apoptosis 来源于希腊文，由“Apo（离开）”和“ptosis（脱落）”组成，意指秋天的花瓣或叶子从植物上凋落。

人类在胚胎发育过程中，会出现尾巴，这是一种返祖现象。尾巴却在随后胚胎发育中逐渐消失，直到出生。之所以会消失，是因为尾巴器官里的各种组织发生了细胞凋亡。这跟蝌蚪有些类似。蝌蚪有尾巴，长成青蛙后尾巴却消失。蝌蚪尾巴消失也是因为尾巴里的细胞发生凋亡。人体里一些衰老细胞、异常细胞和其他不需要的细胞，需要及时清理，以便新陈代谢，维持内环境稳定。衰老细胞清理也是从凋亡开始。科学家发现，凋亡不仅与组织器官自然消失有关，还与组织器官再生有关。

在创伤愈合过程中，创伤性刺激激活凋亡蛋白酶，促进细胞重塑和再生信号产生。通过尚不完全清楚的一系列信号传递过程（包括 Wnt、FGF、Hh、PGE_2 等信号通路），一方面诱导敏感细胞凋亡，释放细胞因子、生长因子、前列腺素等信号分子，促进组织器官再生。另一方面诱导抵制再生的细胞发生凋亡，促进组织器官再生。这种现象，被称为再生性细胞死亡，即先死后生，或者说置之死地而后生。

越是简单低等的动物，再生能力越强。越是复杂高等的动物，再生能力越差。这是自然界动物长期进化的结果。人的再生能力在长期进化过程中逐渐丧失。

在伤口愈合过程中，也伴随着细胞死亡。不仅包括由创伤引起的细胞死亡，也包括伤口部位白细胞吞噬病毒、细菌、寄生虫、组织碎片等后发生的死亡。脓液里含有跟细菌、病毒、寄生虫等天敌作战时牺牲的“勇士”——白细胞。

干细胞组织工程与人类组织器官再生

单纯干细胞移植治疗，仅能治愈某些类型疾病，如造血干细胞联合少量间充质干细胞移植治疗白血病、淋巴瘤、再生障碍性贫血等。这是因为，血液系统属于结缔组织，里面所有细胞处于游离分散状态，移植干细胞相对容易分化发育形成这些细胞，从而在结构上重建血液系统，恢复造血和免疫功能。经静脉、动脉等途径，注射移植干细胞，治疗远端实体器官病变，疗效有限，需要定期重复注射，如治疗糖尿病、小儿自闭症等疾病。主要原因是无法在结构上重建患病的组织器官，也就不能彻底治愈疾病。有一定疗效是由于移植干细胞分泌的生长因子、白细胞介素、干扰素等生物活性成分发挥治疗作用。利用干细胞组织工程技术，可在组织水平上重建器官的结构功能，从而彻底治愈疾病。这是未来干细胞移植治疗的重要发展方向。

理想种子细胞

“组织工程（tissue engineering）”概念由美国科学家于1987年首先提出，是指利用生物学、材料学、工程学等原理和方法在体内外再生组织器官的技术。种子细胞是组织工程关键要素之一，决定着组织器官再生成败，种类包括各种干细胞和成熟体细胞。成纤维细胞、内皮细胞、软骨细胞、肝细胞可分别用于皮肤组织工程、血管组织工程、软骨组织工程和肝脏组织工程，只是这些成熟体细胞本身发育分化能力有限。

理想种子细胞应具有向多种组织细胞发育分化能力，干细胞具备这个条件。越是发育等级高的干细胞越适合做种子细胞，如胚胎全能干细胞具有发育为完整个体的能力，是最理想的种子细胞。干细胞做皮肤组织工程的种子细胞，能够再生皮肤附属器官——汗腺和毛囊，用成纤维细胞等成熟体细胞则难以实现。这也是一些组织工程皮肤产品不够完美的原因。

在具体选择种子细胞时，发育分化能力只是需要考虑的因素之一，其他需要考虑的因素还不少。首先，种子细胞需要来源合法，无伦理争议，在利用胚胎干细胞做种子细胞时尤其要注意。其次，种子细胞在宿主体内会引发免疫排斥反应，应优先选择没有免疫排斥反应的自体干细胞。若自体干细胞有遗传缺陷，可选择免疫原性弱的同种异体间充质干细胞。这种干细胞来源丰富，体外培养扩增容易。不得不采用免疫排斥反应强的种子细胞时，需要制定抗免疫排斥反应预案。最后，种子细胞不能有病原体污染，尤其是动物细胞。

种子细胞接种后，需要合适的细胞外基质、生长因子、生物力学等微环境诱导，进行分裂、增殖、分化，再生需要的组织器官。若是接种成熟体细胞，应能在种子细胞所处微环境诱导下，先行脱分化，形成干细胞样细胞，再行分裂、增殖、分化，再生需要的组织器官。若是干细胞做种子细胞，可以直接分裂、增殖、分化，不必进行去分化。

体外组织工程与体内组织工程

组织器官再生可以在体外进行，也可以在体内进行，前者称为体外组织工程（in vitro tissue engineering）或离体组织工程（ex vivo tissue engineering），后者称为体内组织工程（in vivo tissue engineering）或活体组织工程（in vivo tissue engineering）。

体外组织工程，是在体外条件下，在组织工程生物反应器内通过模拟组织器官的体内微环境利用种子细胞和生物材料支架再生需要的组织器官，如皮肤、骨、软骨、血管、心脏瓣膜、肌腱等。工程化组织器官通过外科手术植入患者体内，就像换汽车零件一样，替换掉衰老患病的组织器官，治疗某些重大疾病。一些简单的组织器官，如皮肤、软骨、骨等，相对容易体外再生。复杂的实质性器官，如心脏、肝脏、肾脏等，很难在体外再生。有些体外再生器官只是徒有外形，由于缺乏体内的生物力学环境，植入患者体内后没有功能，或者不能成活。并且，体外再生的复杂器官植入体内后，很难与体内活体组织融合生长在一起。由于人体实质器官过于精致复杂，体外再生器官短时期内难以取得突破性进展。

组织工程还可以通过另一途径实现，就是在体内进行，称为活体组织工程。将组织工程需要的生物支架单独或与种子细胞、生长因子等一起植入动物体内，经过一段时间培育，再生出来需要的组织器官。然后通过外科手术，将再生的组织器官从动物体内切除下来，用于患者临床移植治疗。

在这里，进行组织器官再生的动物体，相当于体外组织工程生物反应器。这种方法的优点是，能够充分满足组织器官发育的营养条件和生物力学环境，再生的组织器官移植后容易成活。缺点是，组织器官不容易塑型，必须使用健康无菌动物。

活体组织工程还可以采用患病组织器官原位再生策略。方法是，将种子细胞、温度敏感凝胶、生长因子等混合在一起，然后注射移植到患病组织器官内，原位再生相应组织器官，进行修复替换。温度敏感凝胶在室温环境下呈液体状态，可以与种子细胞、生长因子等混合均匀。注射移植到体内后，在体温环境下快速相变成为固体，起到生物材料支架作用。由于水凝胶在人体内可降解，组织器官长成后，可以被体内水解酶降解，作为养料被人体细胞吸收。这种方法具有明显优势，组织器官长成后不用进行外科手术移植，避免手术痛苦和对人体造成伤害。

迄今为止，利用干细胞做种子细胞是最有希望的组织工程临床应用方案。

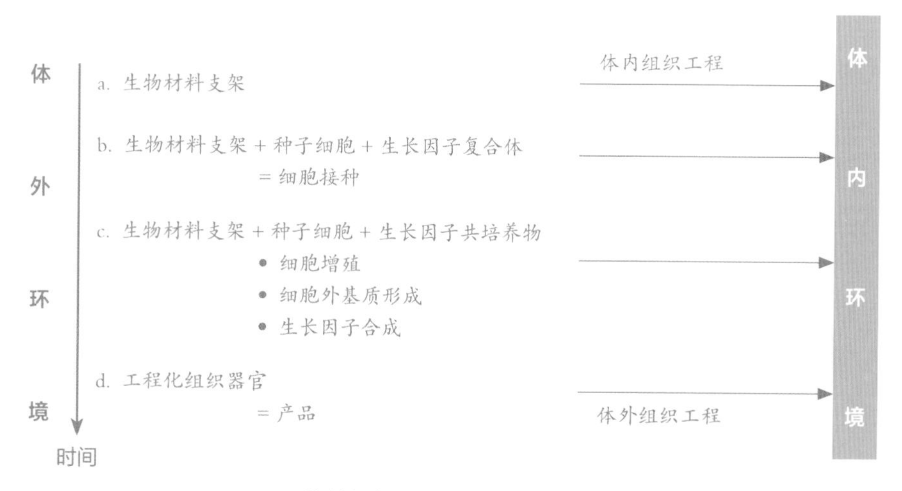

体外组织工程与体内组织工程

再生医学

20 世纪 90 年代，再生医学诞生与临床医学的内科、外科关系密切。再生医学主要是利用干细胞、组织工程技术和方法，进行组织器官再生和正常生理功能重建，治疗难治性重大疾病。与传统治疗方法具有本质区别，是医学技术的一次革命。

人体个别器官仍然保持着较好的再生潜能，如创伤皮肤平均每天再生 0.45 毫米，周围神经每天再生 1~2 毫米等。只不过再生能力有限，如关节软骨不能再生、骨缺损 >1 厘米不能愈合等。医学家在临床实践中发现，某些器官有过度再生现象，如皮肤创伤愈合后瘢痕形成，慢性骨髓炎过度再生形成永久性骨硬化，以及脊柱或关节过度增生形成骨刺和骨桥，都会给患者造成烦恼或痛苦。

蝌蚪、蜥蜴、壁虎等能够断尾再生，蝾螈、青蛙等能够断肢再生，雄性梅花鹿或马鹿的鹿茸能够割后再生，麋鹿的鹿角能够自然脱落后再生，都体现了动物强大的器官再生功能。

人类是自然界最智慧的生物，随着长期进化，绝大部分器官再生功能逐渐丧失。从理论上讲，人体细胞应该仍然保持着器官自然再生潜能，只是如何激活这种潜能，还是一个未解之谜。

如果人类掌握了激活方法，人类器官再生将会成为糖尿病、肝衰竭、肾衰竭、肺纤维化等重大疾病治疗的常规手段。人类寿命可以得到成倍延长。

干细胞异质性与移植治疗

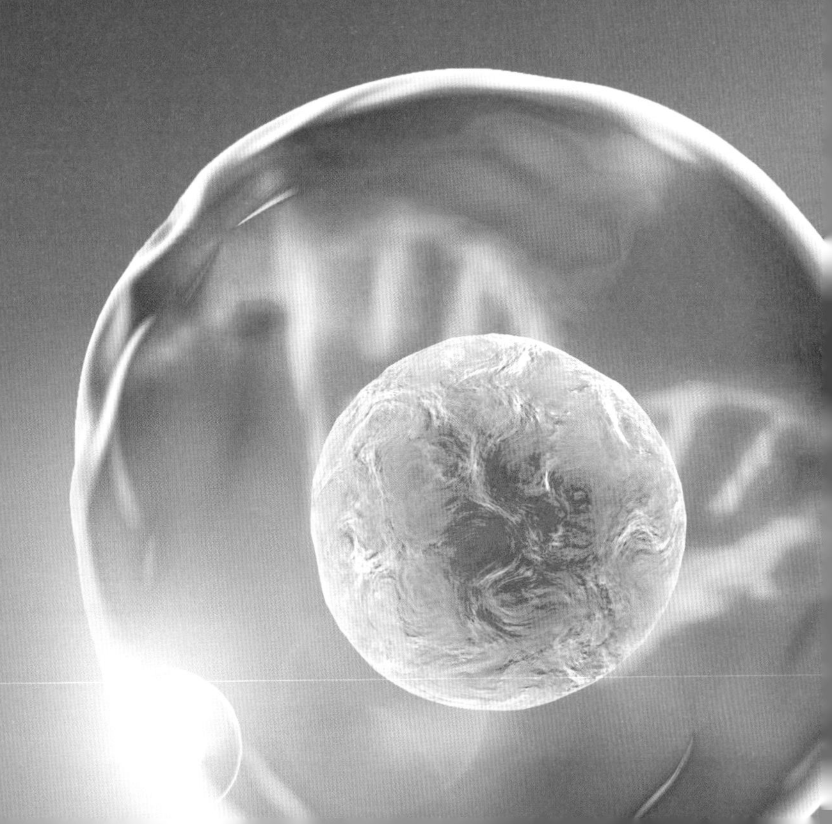

一提起干细胞，不少人会误认为它是一种细胞，其实干细胞种类繁多，是一个十分庞大的家族。用于临床移植治疗的干细胞，按照来源可分为自体干细胞（autologous stem cells）、同种异体或同种异基因干细胞（allogeneic stem cells）、异种干细胞（heterogeneic stem cells）三大家族。各大家族又分为若干小家族。不同种类的干细胞，既具有显著共性，又具有独特个性。

干细胞异质性

从不同物种的干细胞，即人干细胞、动物干细胞、植物干细胞，到同一物种内不同种类的干细胞，如人胚胎干细胞、人成体干细胞，后者又分为人上皮干细胞、人造血干细胞、人间充质干细胞、人神经干细胞、人肌肉干细胞等，都具有惊人的异质性。

世界上没有两个干细胞是完全相同的

德国伟大的数学家、哲学家戈特弗里德·威廉·莱布尼茨（Gottfried Wilhelm Leibniz）说过，世界上没有两片树叶是完全相同的。与树叶类似，世界上没有两个干细胞是完全相同的。不同种类或相同种类的两个干细胞，在大小、形态、表面标志物、增殖分化能力以及基因表达、蛋白质表达等方面可能存在明显差异。所有这些差异就是干细胞的异质性。

干细胞的异质性还表现在来自同一个体不同发育时期的两个干细胞存在差异，如来自新生儿的造血干细胞和来自成年人的造血干细胞，增殖分化能力、基因表达等方面可能存在差异。甚至从某一组织器官中分离的干细胞，如从人骨髓中分离的间充质干细胞也不纯，是由许多干细胞亚群组成的混合物。这些不同亚群的间充质干细胞在大小、形态、表面标志物、增殖分化能力、基因表达等方面存在差异。

干细胞异质性是生命长期进化的结果。不同物种干细胞的异质性是生物多样性的物质基础。同一物种不同组织器官干细胞的异质性是亚种多样性的物质基础。以此类推，亚种以下也是同样道理。干细胞异质性有利于生命更好地适应环境。

干细胞分类难题

干细胞异质性不利于利用干细胞制药。药物讲究疗效稳定。干细胞异质性会导致不同批次的干细胞药物疗效存在差异。如骨髓间充质干细胞药物，来源于儿童骨髓的间充质干细胞药物和来源于老年人骨髓的间充质干细胞药物会存在一定疗效差异。在干细胞药物动物试验及临床研究中，应该引起足够重视。干细胞药物应标明干细胞详细来源以及在体外培养传代的次数。干细胞药物研究应用需要对干细胞进行更为详细的分类。

干细胞分类的瓶颈是，很难建立统一标准。主要原因在于，不同干细胞个体间往往存在多方面差异，如大小、形态、增殖分化能力、基因表达、蛋白质表达等。选择哪些分类标准？怎样确定分类标准？都是十分困难的事情。更困难的是，个别分类依据时有时无。如细胞表面标志物是目前干细胞分类的主要依据之一。然而就是同一种间充质干细胞，有时候表达某一表面标志物，有时候又不表达，实在令人困惑。这或许就是生命的奥秘吧。

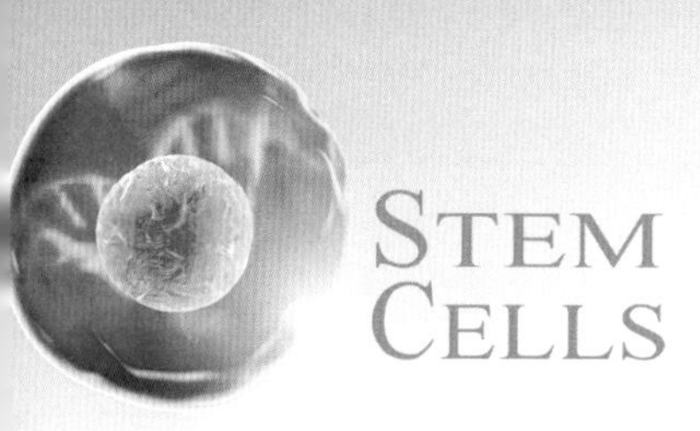

自体干细胞移植治疗

自体干细胞移植治疗是临床上常用的干细胞移植治疗方法。治疗疾病种类多，无伦理争议，无免疫排斥反应，不需要人类白细胞抗原（HLA）配型，可用做免疫治疗和基因治疗载体，适用于发病机理不明的疾病治疗。但是，传染病、遗传病等患者不适用。

治疗疾病谱

由于能够发育分化为其他类型组织细胞，自体干细胞治疗疾病谱很广，包括血液系统疾病、神经系统疾病、心血管系统疾病、消化系统疾病、自身免疫性疾病、创伤性疾病、退行性疾病、肿瘤性疾病，以及烧伤、凹陷性瘢痕、整形美容、翼状胬肉等疾病。

某些血液系统恶性疾病，包括急性淋巴细胞白血病、慢性淋巴细胞白血病、恶性淋巴瘤、多发性骨髓瘤等，自体造血干细胞移植后可以治愈。从自体骨髓、外周血、脐带血中采集造血干细胞，移植后能够重建患者造血及免疫系统，使疾病得以有效治疗。由于间充质干细胞具有造血支持和免疫调理功能，为增强临床治疗效果，自体造血干细胞可联合少量自体间充质干细胞移植。骨髓移植比单纯造血干细胞移植造血功能恢复快，就是这个道理。除造血干细胞外，骨髓中还含有间充质干细胞、内皮祖细胞等其他细胞类型。

神经系统疾病，如脑瘫、脑萎缩、帕金森病、阿尔茨海默病、肌萎缩侧索硬化等，其中肌萎缩侧索硬化俗称“渐冻人症”，表现为进行性加重的肌无力、肌萎缩、肌束颤动等。英国剑桥大学著名物理学家斯蒂芬·威廉·霍金（Stephen William Hawking）就是患的这种病。通过自体间充质干细胞治疗后，症状能够得到改善。

心血管系统疾病，如动脉硬化闭塞症、缺血性心脏病、扩张型心肌病、心脏瓣膜病、心肌梗死、心肌损伤、心力衰竭、脑血栓、脑卒中、冠心病、股骨头缺血性坏死、糖尿病足等，经自体间充质干细胞移植治疗后，病情能够得到明显缓解。

消化系统疾病，如乙型肝炎肝硬化、肝硬化腹水、克罗恩病并发肛瘘等，其中克罗恩病是一种难治性慢性炎症性肠道病，通过自体间充质干细胞治疗效果明显。2012 年韩国食品药品监督管理局已批准自体脂肪间充质干细胞“优普赛姆（Cuepistem）”治疗克罗恩病。Cuepistem 也是世界上首个获批的自体脂肪间充质干细胞新药。

自身免疫性疾病，如糖尿病（1 型、2 型）、系统性红斑狼疮、风湿性关节炎、类风湿关节炎、重症肌无力等，其中系统性红斑狼疮被誉为“不是癌症的癌症”，传统治疗方法效果有限，5 年生存率仅 60%，需要终身免疫治疗。经自体造血干细胞移植治疗后，系统性红斑狼疮患者病情能够得到长期缓解。由于间充质干细胞具有免疫调理功能，对这种自身免疫性疾病具有较好疗效。

创伤性疾病，如脊髓损伤、颅脑创伤等，自体干细胞治疗具有明显效果。

退行性疾病，如脑萎缩、骨关节炎等，自体干细胞移植后疗效明显。

肿瘤性疾病，如乳腺癌、睾丸肿瘤、小细胞肺癌、卵巢癌等实体瘤化疗后造血及免疫功能受损严重，移植自体干细胞后有助于重建造血和免疫功能。

烧伤、凹陷性瘢痕、整形美容、翼状胬肉等疾病，其中翼状胬肉是眼结膜长出的酷似昆虫翅膀的肉状物，为眼科常见病和多发病，可用自体干细胞治疗。烧伤、凹陷性瘢痕、整形美容（如隆胸、丰臀）等，采用自体脂肪间充质干细胞移植后，容易成活并增殖分化为病灶部位组织，获得满意治疗效果。

理论上，除遗传性疾病外，自体干细胞移植能够完全治愈某些不治之症。然而，由于受到移植方案、移植方法、移植途径以及移植干细胞数量和质量等客观因素限制，治疗效果可能会大打折扣，甚至完全无效。所以干细胞移植治疗技术门槛很高。

干细胞采集

正式采集自体干细胞前，需要做一些准备工作。首先，跟患者或家属签署知情同意书，告知手术目的、获益、风险、并发症及预防措施、注意事项等。尊重患者意见，自愿选择是否手术。其次，做一些必要术前检查。包括血常规、传染病（乙型肝炎、丙型肝炎、艾滋病、梅毒）、电解质（钙、镁、钠、钾）、凝血功能、骨髓涂片等。

用于移植治疗的自体干细胞，主要包括骨髓、外周血、脐血来源的造血干细胞以及骨髓、脐带、胎盘、脂肪来源的间充质干细胞。从骨髓中采集干细胞时，事先需要进行骨髓动员，即注射动员剂使干细胞分裂增殖并释放到外周血中。常用动员剂，如吉赛欣注射液，有效成分是重组人粒细胞集落刺激因子（rhG-CSF）。骨髓动员后，进行局部麻醉，在无菌条件下，实施骨穿刺，抽取骨髓血，从中分离造血或间充质干细胞。

干细胞分离制备

根据干细胞类型及来源，采用不同分离制备方法。造血干细胞属于悬浮细胞，采用密度梯度离心法，从采集的骨髓血中分离，然后用生理盐水离心洗涤 3 次，计数活细胞数和细胞总数，CD34 阳性（$CD34^+$）细胞含量应为 0.3%~0.8%。间充质干细胞属于贴壁细胞，体外培养时具有贴壁生长特性，采用全骨髓贴壁培养法、密度梯度离心法、流式细胞仪分选法等技术进行分离。从外周血中采集造血干细胞时，可利用血细胞分离机进行分离。从脐带血中分离造血干细胞，可采用密度梯度离心法。从胎盘、脂肪组织中分离间充质干细胞，采用贴壁培养法。若所获间充质干细胞数量过少，可进行体外培养扩增，以满足临床移植需要。

移植途径

自体干细胞移植前，需要检查血常规、肝肾功能、电解质（钾、钠、钙、镁）、血糖、血脂（高密度脂蛋白、低密度脂蛋白、甘油三酯、总胆固醇）、心肌损伤标志物（CK-MB 、肌钙蛋白）、肿瘤标志物（CA125、CA19-9、CEA、AFP、PSA）、血压、心电图及 24 小时动态心电图、超声心动图和胸部 X 线检查。特殊情况，还要进行冠状动脉造影、心肌灌注显像、心脏磁共振等检查。只有患者各项检查指标合格后，才能进行干细胞移植。

移植途径主要有静脉注射、动脉注射、局部注射（如皮肤注射、肌内注射、脊髓损伤部位注射以及脑内损伤部位注射）、静脉滴注、微创介入动脉或静脉导管（如冠状动脉球囊导管输注以及肝动脉导管输注）、穿刺注射（如腰椎穿刺、枕大池穿刺和脑室穿刺）、气管内滴注等，根据病灶位置和疾病特点选择技术相对成熟的移植途径，将外源干细胞准确输送到病灶位置。治疗 2 型糖尿病时，可通过股动脉经皮肤介入方式，将自体干细胞悬液 10 毫升移植到胰背动脉血管内。

不同移植途径各有优缺点。移植时，根据病灶部位和患者个人情况进行选择。移植途径会影响疗效和安全性。

疗效

自体干细胞移植，对不同疾病疗效差别很大，这与患病组织器官结构有关。血液属于结缔组织，本身是一种流动液体，无定形。自体干细胞移植到血液系统后，分裂增殖分化为各种血细胞，重建血液系统的结构和正常生理功能，达到疾病治疗目的。由于这个原因，自体干细胞移植能够彻底治愈某些血液系统疾病，如急性白血病等。实际上，这是一种组织水平上的治疗，因为血液是一种非实体组织。

疗效还跟移植物中干细胞数量、质量、活性、预处理方案强度等因素有关。随着年龄增长，人体内干细胞数量下降。科学家研究发现，大约每隔 10 年，人体内干细胞数量呈现指数级下降，伴随质量降低、活力减小，开始出现衰老现象。通常自体干细胞移植后，年轻患者治疗效果较好，并发症较轻。针对某些大龄患者，可以通过增加自体干细胞移植数量，来增强治疗效果。

对于实体器官组织，如肝脏、肾脏、胰脏等，干细胞通过动脉、静脉等途径移植后，很难完全重建损伤的远端器官组织的正常结构，不可能治愈疾病。

那么为什么移植后还有疗效呢？

第一，移植干细胞分泌的生物活性物质发挥了直接治疗作用。第二，移植干细胞分泌的生物活性物质诱导损伤部位成熟体细胞脱分化为干细胞，进而再生修复周围组织发挥间接治疗作用。第三，移植干细胞本身归巢到损伤部位，直接分化发育为损伤部位组织发挥直接治疗作用。

不少人宁愿相信是第三种方式起作用。然而临床研究表明，移植的外源性干细胞绝大部分在患者体内发生死亡，被人体分解代谢后排出体外。一些疾病的治疗效果是基于移植干细胞分泌的多种生物活性物质，而不是直接参与再生或修复损伤器官组织，即使有个别干细胞直接参与也是作用有限。

间充质干细胞治疗自身免疫性疾病，如糖尿病、系统性红斑狼疮等，利用的是间充质干细胞的免疫调理作用。研究表明，间充质干细胞对于机体免疫反应具有双向调节功能，即当免疫反应增强时能够减弱，免疫反应减弱时能够增强，起到免疫平衡作用。治疗炎症性疾病，如骨关节炎、风湿性关节炎、类风湿关节炎等，利用的是间充质干细胞的抗炎症功能。

由于受到移植途径、方法、方案及所用细胞数量和质量限制，自体干细胞移植治疗有效率很难达到 100%。据某项研究统计，自体干细胞移植治疗急性白血病的有效率为 40.5%。不同自体干细胞移植治疗方案，治疗有效率可能差别较大，这是因为很多自体干细胞移植的疾病，目前缺乏统一、规范、科学的评价标准。

自体干细胞移植治疗还需要进行深入研究，制定科学、规范、统一的疗效评价标准，使技术更加成熟。

安全性

与骨髓移植比，自体干细胞移植能更快地恢复造血功能。迄今，自体干细胞移植还没有诱发肿瘤的报道，具有很好的安全性。

自体干细胞移植仍然存在安全风险。某些大龄患者，自体造血干细胞数量减少、质量下降，移植治疗后患者造血功能恢复需要时间较长，同时并发症（如感染、出血、发热等）较重。为提高移植治疗效果，需要增加干细胞数量。干细胞移植数量增加后，诱发肿瘤风险加大。2017 年，彼得·马克思（Peter Marks）等在国际权威医学期刊《新英格兰医学杂志》（*The New England Journal of Medicine*）报道了 3 个由干细胞移植治疗引起的重大安全病例，引起了科学家警惕，其中第二个是，自体造血干细胞移植治疗系统性红斑狼疮所致肾衰竭患者，诱发肿瘤（血管性骨髓增生病变），导致肾切除。第三个是，自体脂肪干细胞移植治疗视网膜黄斑变性患者，导致 2 人视力恶化，3 人眼睛失明。这两个安全事故，可能与自体干细胞移植治疗方案及操作不规范有关。

只要严格遵循操作规范，自体干细胞移植治疗安全性还是有保障。当然，操作规范和标准需要不断完善。

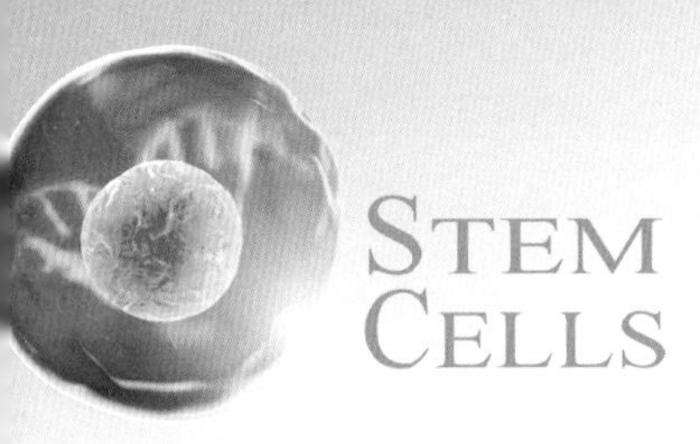

同种异体干细胞移植治疗

同种异体干细胞（allgraft stem cell），又称“同种异基因干细胞（allogeneic stem cell）”，通常指除患者外其他人的干细胞。这种干细胞移植在临床上应用广泛。一些类型的同种异体间充质干细胞，已被美国、加拿大、韩国、日本、意大利、印度等国家作为药物批准临床应用。对于遗传性疾病患者，由于有基因缺陷，无法进行自体干细胞移植治疗，可以进行同种异体的健康干细胞移植治疗。

治疗疾病谱

同种异体干细胞移植治疗的疾病谱比自体干细胞移植更加广泛，包括血液系统疾病、呼吸系统疾病、消化系统疾病、神经系统疾病、心血管系统疾病、泌尿生殖系统疾病、骨骼系统疾病、免疫性疾病、创伤性疾病，以及抗衰老、增强人体免疫力、美容整形等。

在血液系统疾病中，除自体干细胞能治疗的急性淋巴细胞白血病、慢性淋巴细胞白血病、恶性淋巴瘤、多发性骨髓瘤等疾病外，自体干细胞不能治疗的地中海贫血、镰刀型细胞贫血、范科尼贫血（Fanconi anemia）、血友病等遗传性血液性疾病，也能用健康同种异基因干细胞进行移植治疗。地中海贫血又称“海洋性贫血”，由红细胞里血红蛋白基因缺失或点突变造成，常见于沿海地区，分为 α、β、δβ、δ 等多种类型。镰刀型细胞贫血是一种常染色体显性遗传病，由基因点突变导致血红蛋白 β 肽链第六位氨基酸谷氨酸被缬氨酸代替所造成，为一种罕见病。范科尼贫血属于先天性再生障碍性贫血，常染色体隐性遗传，临床上不常见。血友病是由基因缺陷导致的遗传性疾病，临床表现为易出血，凝血功能障碍。对于急性淋巴细胞白血病，同种异基因干细胞移植比自体干细胞移植或化疗具有更好的预后治疗效果。

呼吸系统疾病，如新型冠状病毒肺炎、特发性肺纤维化、急性肺损伤、慢性阻塞性肺病、支气管哮喘、气管炎、过敏性鼻炎、肺气肿、肺支气管发育不良等，可用同种异体间充质干细胞移植治疗。

消化系统疾病，如肝硬化、克罗恩病、肝纤维化、肝衰竭、急性胰腺炎、慢性胰腺炎、克罗恩病并发肛瘘、食管癌、肝癌、胃癌、胰腺癌、结肠癌、腐蚀性食管损伤、反流性食管炎、胃溃疡、十二指肠溃疡、胃穿孔、放射性肠损伤、自身免疫性肝炎、原发性硬化性胆管炎、高胆红素血症等，同种异体间充质干细胞移植治疗具有明显疗效。

神经系统疾病，如各种病因导致植物状态、缺血性脑卒中（脑梗死、中风）、脊髓小脑共济失调、脑瘫、脑萎缩、小儿自闭症、帕金森病、亨廷顿氏病、阿尔茨海默病、肌萎缩侧索硬化（运动神经元病）、脑外伤后视神经萎缩、下肢静脉闭塞、肌萎缩性脊髓侧索硬化症、脑白质营养不良、脑脊髓炎、视网膜病变等，可用同种异体干细胞移植治疗。

心血管系统疾病，如冠心病、心肌梗死、心功能不全、顽固性心绞痛、扩张型心肌病、心衰、血管瘤、风湿性心脏病等，同种异体干细胞移植治疗具有效果。

泌尿生殖系统疾病，如缺血性肾损伤、局灶节段性肾小球硬化、IgA 肾病、糖尿病肾病、急性肾衰竭、卵巢癌等，同种异体间充质干细胞治疗效果明显。

骨骼系统疾病，如骨关节炎、关节软骨损伤、风湿性关节炎、类风湿关节炎等，可用同种异体间充质干细胞移植治疗。

免疫性疾病，如移植物抗宿主病（graft versus host disease，GVHD）、自身免疫性甲状腺炎、自身免疫性糖尿病、系统性红斑狼疮、硬皮病、多发性溃疡、重症肌无力、过敏性疾病等，能用同种异体干细胞移植治疗。

创伤性疾病，如脑外伤、脊髓损伤、烧伤、皮肤损伤、角膜损伤、视网膜损伤等，同种异体间充质干细胞移植治疗，效果不错。

其他疾病，如抗衰老、增强人体免疫力、美容整形等，应用同种异体干细胞治疗具有明显疗效。

同种异基因造血干细胞移植需要人类白细胞抗原（HLA）配型，但没有骨髓配型要求严格，仅需要“半相合（人类白细胞抗原 10 个位点中有 5 个即一半吻合）”即可进行移植。同种异基因间充质干细胞由于免疫原性弱，可直接进行移植治疗，不需要配型。

干细胞采集

同种异体干细胞移植采用的干细胞类型有造血干细胞、间充质干细胞、胚胎干细胞、诱导多能干细胞（iPSC）等，以各种来源的造血干细胞和间充质干细胞最为常用。通常这些干细胞就储存在各种干细胞库中，移植前才进行复苏。自体干细胞移植则是移植前临时采集，如果冻存复苏，反而会使本来就不多的活性干细胞数量减少，降低治疗效果。同种异基因干细胞由于可从多人采集，数量相对充足，冻存复苏损失影响较小。

脐带血造血干细胞和脐带间充质干细胞是两种常用同种异体移植干细胞，采集方法如下。

脐带血造血干细胞采集

与成人骨髓或外周血来源的造血干细胞相比，人脐带血来源的造血干细胞更原始、增殖分化能力更强、寿命更长（染色体端粒更长），非常适合临床移植治疗。

与骨髓移植相比，脐带血造血干细胞移植具有明显优势：①来源丰富；②采集方法简便；③感染率、输血反应发生率低；④人类白细胞抗原配型半相合即可移植。

不足之处：①脐带血造血干细胞对物理化学变化比较敏感；②利用传统方法去除红细胞时会导致造血干细胞损失严重。

脐带血采集要求：①产妇：顺产，年龄小于 35 岁；妊娠 36~42 周，发育、营养正常；无恶性肿瘤；无遗传性疾病；无乙型肝炎、丙型肝炎、梅毒、艾滋病等传染性疾病；无妊娠期内严重合并症；无家族性遗传病史；无性病史。②胎儿：体重超过 2 500 克；无畸形。

不宜采集情况：①产妇有输血史；②怀孕时间少于 36

周或多于 42 周，或胎盘剥离超过 12 小时，或胎膜早破超过 24 小时；③羊水检测显示染色体异常；④产妇有感染、发热现象；⑤胎儿呼吸窘迫；⑥羊水内有胎粪。

脐带血采集方法：①自然滴流采血法（Broxmeyer 法）：在胎儿娩出后至胎盘未娩出前，利用胎盘收缩力使脐带和胎盘血自然滴入采血瓶。②动脉灌注静脉采血法（Tumer 法）：在胎盘娩出后，经脐动脉灌注生理盐水和抗凝剂后，从脐静脉采血。③静脉采血法（血袋采血法或杉本法）：直接从脐静脉穿刺后采血。

脐带间充质干细胞采集

脐带华通氏胶（Wharton's Jelly）等组织中富含间充质干细胞。

脐带采集：新鲜脐带取自健康足月产孕妇。采集前需做乙型肝炎和丙型肝炎病毒抗体、梅毒螺旋体抗体、艾滋病病毒抗体、谷丙转氨酶、支原体等项目检测，全部合格后方可采集。采集过程中手术室、产房内严格消毒，全部采用一次性无菌用品。胎儿产出后，常规结扎处理好脐带，先结扎脐带断端，在距离断端 20~40 厘米处，用 0.5% 碘伏棉球消毒后剪断，轻轻挤净脐血管内血液，无菌丝线结扎，用生理盐水冲洗干净脐带，将无菌采集的脐带在超净工作台或生物安全柜内充分洗涤，冲去脐带静脉及动脉内残余血并剔除血管。采集的脐带放置在含特制保存液的无菌容器中，密封后冷藏保存。切不可冷冻，以免冻伤、冻死干细胞。

干细胞分离制备

脐带造血干细胞分离制备

脐带血准备：夹住脐带，尽可能靠近胎儿处剪断。用75% 酒精棉球消毒脐带近胎儿端，用 50 毫升注射器针头插入消毒后的脐带近胎儿端，缓慢将脐带血从脐静脉抽出。轻轻转动注射器，使脐带血和抗凝剂充分混合，脐带血应保存于室温。

分离造血干细胞：将脐带血与磷酸盐缓冲液按 1：1 比例稀释后，依次采用密度梯度离心法、免疫磁珠法分离 $CD34^{+}$ 细胞，即获得脐带血造血干细胞。

扩增培养：用添加细胞因子的培养液重新悬浮细胞，按照 2×10^{4} 细胞 / 毫升的浓度将 $CD34^{+}$ 细胞接种到细胞培养瓶中。每周两次，每次用新鲜培养液更换掉一半的消耗培养液。通过扩增培养，可以增加造血干细胞数量。体外扩增培养时间也不能过长，以免造血干细胞分化、衰老，影响移植治疗效果。

冷冻储存：如果分离制备的脐带血造血干细胞暂时不用，可以经过梯度降温后，长期保存在 −196℃液氮中。

脐带间充质干细胞分离制备

主要有组织块贴壁法、胶原酶消化法等。

组织块贴壁法：①将脐带从手术台上取下，无菌条件下浸入培养液中，放于 4℃冰箱保存。②脐带从保存液中取出后，剪断双侧结扎部分，去除脐带血管内瘀血，将脐带浸入含抗生素的汉克氏平衡盐溶液中，用磷酸盐缓冲液反复冲洗脐带和脐静脉内腔 3 次，剔除血管，将脐带剪碎至 1 立方毫米大小的组织块。③将组织块放入试剂瓶内，加入 0.1% 的消化液，置于 37℃恒温震荡仪内，持续消化 4~10 小时，用 100 目筛网过滤，离心收集细胞。④加入 HBSS 冲洗细胞 3 次，用培养液重新悬浮细胞，调整细胞密度为 4.8×10^3~1×10^4 细胞 / 平方厘米，接种于 6 孔板内，放入 37℃、体积分数为 5% CO_2 孵箱内进行培养，24 小时后换液，以后每隔 3 天换液 1 次，待细胞 80% 融合时，传代培养，及时使用或冷冻保存备用。

胶原酶消化法：①开始方法同组织块贴壁法。②脐带剪碎至 1 立方毫米大小的组织块，后转移到浓度为 1 克 / 升的胶原酶Ⅳ热液中，37℃持续搅拌消化 30 分钟，再用浓度为 1 克 / 升的胰酶溶液，37℃持续搅拌消化 30 分钟。③用细胞筛过滤，滤液离心，加入磷酸盐缓冲液洗涤 2 次。以 1×10^7 细胞 / 平方厘米的密度接种于含细胞培养液的塑料培养瓶中培养。④3~4 天后更换培养液，去掉未贴壁的细胞。以后每 3 天换液 1 次，细胞长满瓶底后进行传代。

移植途径

同种异体干细胞移植前需要做一些准备工作。主要是对患者进行病情询问、以往病史调查、生化检验、影像检查、临床诊断，排除不符合移植条件者。包括：①精神异常或性格孤僻者；②休克或心、肝、肺、肾等重要器官功能衰竭者；③全身性感染或局部严重感染者；④高度过敏体质或严重药物过敏史者；⑤未明确诊断者；⑥怀孕者；⑦近 5 年内患过恶性肿瘤者；⑧依从性差者；⑨期望值过高者；⑩其他不适合移植者，如凝血功能障碍等。对符合移植条件者，签署知情同意书。如实告知患者同种异体干细胞移植的治疗效果、并发症及其他风险、注意事项等。

移植途径主要有静脉内注射、动脉内注射、局部注射、气管内滴注、微创介入、皮肤内注射等。静脉内注射创伤小，操作简便，易被患者接受，可进行反复移植，尤其适用于全身性疾病治疗，如帕金森病、阿尔茨海默病、全身免疫性疾病、全身放射性疾病、退行性疾病等。

动脉注射的干细胞通过动脉血液循环直接到达患病器官组织，减少了静脉注射时的循环路程、时间及干细胞在循环中损失，提高了干细胞的利用率和治疗效果，适用于早期阿尔茨海默病、多器官组织损伤、肝硬化、脑卒中、心肌梗死等疾病的治疗。

局部注射是向病灶组织，如损伤的脑、脊髓、肌肉组织等，直接注射移植干细胞。好处是移植的外源干细胞全部集中在病灶组织及其周围，有利于快速发挥治疗作用，适用于治疗局灶性脑梗塞、脑出血后遗症、脑外伤后遗症、帕金森病、阿尔茨海默病等。该方法也存在不足：移植手术有出血风险；局部植入干细胞密度过大，不利于分化；移植的外源干细胞容易被激活的小胶质细胞和巨噬细胞清除。

气管内滴注操作简便，适于急性肺损伤、肺纤维化、慢性阻塞性肺病、肺炎、支气管哮喘等呼吸系统疾病的干细胞移植治疗。

微创介入常用于干细胞移植，优点是定位准确、损伤小、副作用小、并发症少、疗效快、恢复快、安全，适于干细胞移植治疗心肌梗死、肝硬化、糖尿病等。

皮肤内注射类似打针，易被患者接受，可用于干细胞整形美容、皮肤损伤后修复等。

在具体干细胞移植治疗中，应根据病情、病灶部位、患者要求、疗效、安全性、费用等，综合进行考虑。无论采用哪种移植途径，都必须保证相关活细胞操作在严格无菌条件下进行。

在移植治疗过程中，始终遵照《药品生产质量管理规范》要求，确保移植干细胞的数量、质量、纯度、活性、遗传稳定性，既要符合治疗要求，又要确保患者生命安全。

疗效

同种异体干细胞移植治疗，对许多重大疾病具有明显疗效，如白血病、糖尿病、心肌梗死、克罗恩病、缺血性脑卒中、系统性红斑狼疮等。对个别疾病能够根治，如某些类型白血病，延长了患者生命期，改善了生活质量。能够治疗一些不能用自体干细胞治疗的遗传性疾病，如糖原贮积病、范科尼贫血、类脂质蛋白沉积症等。某些老年患者，体内干细胞数量少、质量差、活性低，自体干细胞移植效果有限，最好进行同种异体干细胞移植治疗。

同种异体干细胞来源广，质量相对容易控制，适于制作药物。迄今有多个国家批准同种异体干细胞新药上市。2009 年 12 月，美国食品药品管理局批准同种异体人骨髓间充质干细胞“普洛凯玛（Prochymal）”治疗移植物抗宿主病和克罗恩病，是公认的世界上第一个干细胞新药。近年来，国内多家生物制药企业研发的干细胞药物被国家药品监督管理局批准临床注册。这些正在进行临床研究的干细胞药物，治疗的疾病包括膝关节炎、溃疡性结肠炎、糖尿病足溃疡等，可望多年后国产干细胞新药被批准临床应用。

同种异体干细胞移植也存在一些问题，譬如对某些疾病治疗效果不佳，这与治疗策略有关。传统的通过动脉、静脉等途径进行的干细胞移植治疗技术，除流动的血液组织外，都是在细胞水平上进行治疗。往往是干细胞分泌的细胞因子等生物活性物质对疾病间接治疗，而不是对组织器官的直接修复或替换。干细胞技术只有与组织工程技术完美融合，才可能从组织器官水平上彻底治愈疾病。

有时候干细胞企业为了追求经济效益，夸大宣传干细胞疗效。有的专家成为企业代言人，把干细胞说成医学“万用细胞”，使患者对干细胞移植治疗期望值过高，一旦效果不明显，便全盘否定。这不是科学的态度。

对于干细胞移植治疗，一定要有正确认识，才能使这项高新技术越发展越好。

安全性

大量动物实验和临床研究表明，绝大多数同种异体干细胞移植治疗是安全的。不过也有极少数患者出现轻微发热、头痛、腰疼、疲劳等现象。不进行治疗或进行对症治疗后，患者症状消失。

需要特别注意的是，在动物实验中，曾出现异体骨髓间充质干细胞移植后诱发肿瘤的个例。2017 年，彼得 · 马克思（Peter Marks）等在国际权威医学期刊《新英格兰医学杂志》（*The New England Journal of Medicine*）报道了 3 个由干细胞移植治疗引起的重大安全病例，其中第一个是，同种异体干细胞移植治疗脑卒中患者，引起神经胶质增生性病变，导致截瘫。出现这样的安全事故，还需要对干细胞制剂制备流程、移植途径和方法、制剂成分和剂量、移植次数和间隔、患者病情等因素进行深入分析和改进。

同种异体干细胞移植，只要在移植治疗的各个环节进行严格控制，安全性还是有保障。

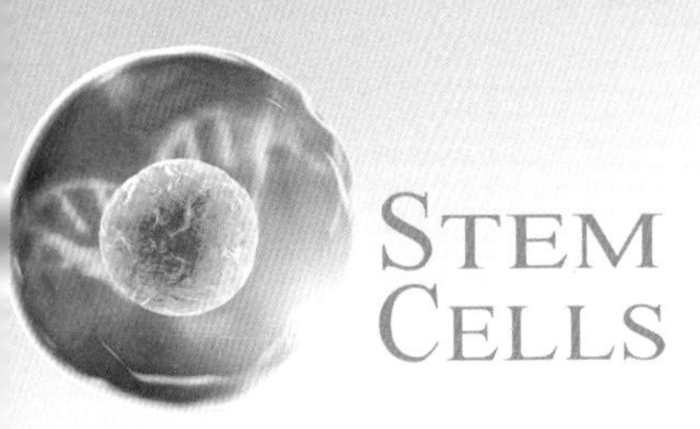

异体干细胞移植治疗

对于人类患者，异体干细胞移植治疗就是利用非人类干细胞移植治疗疾病。非人类干细胞主要是植物、动物干细胞。植物干细胞与人类干细胞结构不同，具有细胞壁，不能进行人体注射移植。动物干细胞与人干细胞结构类似，有人用来进行移植治疗。

小牛血注射

早在 1667 年，法国的让 - 巴普蒂斯特 · 丹尼斯（Jean-Baptiste Denis）医生，开始尝试用动物新鲜血液治病。

根据历史记载，丹尼斯为精神病患者注射新鲜小牛血进行治疗，以期改变患者的精神状态或性格。这是世界上首次有历史记载的利用动物活体组织治病，成为医学史上的里程碑事件。然而限于当时科学发展水平，丹尼斯并不知道血液属于结缔组织，里面含有包括干细胞在内的各种血细胞和血浆。因为血细胞实在太小，人的肉眼根本无法直接看见，必须借助于显微镜才能观察到。显微镜是荷兰眼镜商安东尼 · 范 · 吕文虎克（Antoni van Leeuwenhoek）发明的。借助于显微镜，1674 年发现了细菌和单细胞的动物——原生动物。1684 年，才发现并描述红细胞。显然，丹尼斯开始小牛血治疗时，并不清楚血液里含有活细胞。

丹尼斯勇敢的尝试，无意间开启了异种干细胞移植治疗的先河。

羊胚胎干细胞移植

1930 年，瑞士人保罗 · 尼翰（Paul Niehans）把从羊胚胎器官中分离出的细胞注入到人体，出乎预料地没有引发拒绝异体蛋白的天然免疫反应。于是，开始应用这类羊胚胎活细胞进行皮肤年轻化治疗，并成为活细胞治疗皮肤年轻化的著名医师。第二年，尼翰又将牛的甲状腺剪成小组织块，溶在生理盐水中，再注射到患者体内，用于治疗“甲状腺功能低下”，取得了一定疗效。正是由于这些大胆的开拓性工作，尼翰被誉为“细胞治疗之父”。

异体干细胞移植的疗效与风险

小牛血是动物血液，里面含有干细胞，主要是造血干细胞，还有少量的间充质干细胞、造血祖细胞等。羊胚胎里含有胚胎干细胞和各种成体干细胞。由于这些动物干细胞的结构功能与人的相似，移植到人体内，具有一定治疗作用。同样道理，人干细胞移植到患病动物体内，也有一定治疗作用。实际上，人干细胞药物研发过程中，就是用动物模型进行有效性和安全性验证。

笔者研究团队利用人羊膜间充质干细胞移植治疗大鼠糖尿病的试验表明，人干细胞对大鼠糖尿病具有良好的治疗效果。

然而，动物来源的异体干细胞移植治疗具有某些风险，包括动物病原体感染风险、输血后不良反应风险和移植后免疫排斥风险等。在选择动物干细胞移植治疗人疾病时，一定要引起足够重视，移植治疗前必须进行各种风险评估和控制。确保安全后，才可以进行。

迄今，异体干细胞移植治疗主要还是动物试验，用于人类移植治疗的极少。

临床级干细胞种子

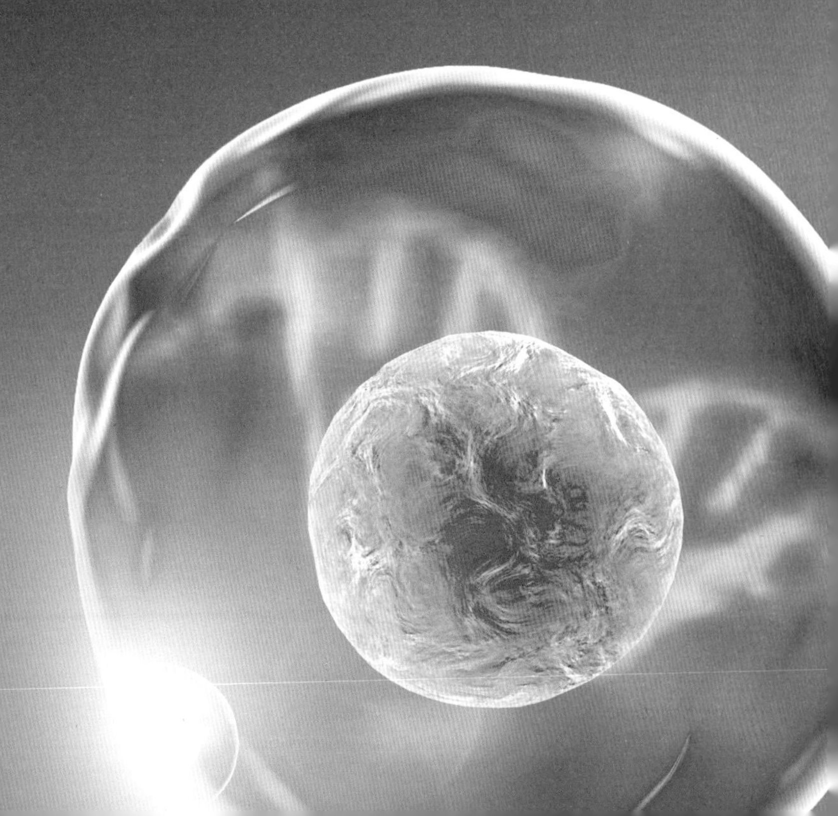

玉米种子在农田里播下后，能够长出植株，成熟后结出玉米果实，收获更多玉米。干细胞种子也是一个道理，体外培养或移植到患者体内或接种到组织工程支架上后，能够分裂增殖，产生数量更多的干细胞或分化发育形成组织器官，用于临床移植治疗各种难治性重大疾病。所谓临床级干细胞，是指质量标准能够达到临床移植治疗要求的干细胞，通常比实验室研究或动物试验所用干细胞质量要求高。临床级干细胞种子就是移植治疗用的干细胞制剂或药物，可以是自体干细胞、同种异体干细胞或异种干细胞。异种干细胞主要指动植物干细胞。临床上不能用植物干细胞移植治疗，然而某些动物干细胞可用于移植治疗。现阶段，临床级干细胞制剂或药物按照《药品生产质量管理规范》进行制备生产。

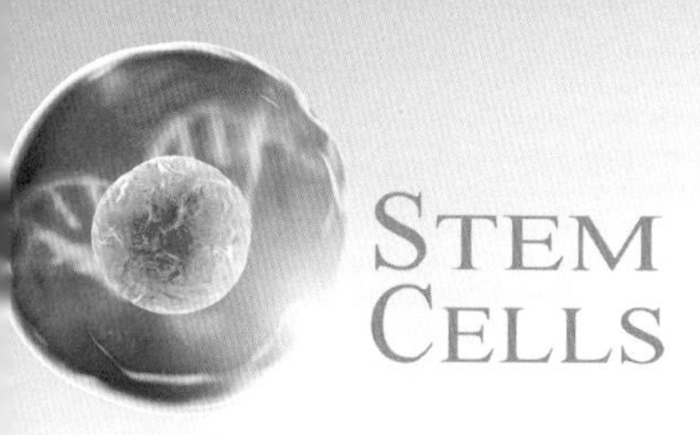

分离纯化鉴定

干细胞广泛分布于人体各组织，只是不同组织的干细胞种类、数量、活性不同。根据实际需要，从新鲜组织中分离提取相应干细胞，进行纯化。

签署知情同意书及进行健康检查

干细胞供体可以是患者自身或其他健康人。采集干细胞前，需要进行知情同意商谈。签署知情同意书后，才能进行干细胞采集。知情同意书一定要明确本次干细胞采集的目的、用途、采集方法和步骤、供体获益情况、并发症和其他风险及其应对措施、采集后注意事项等。患者自主决定是否捐献干细胞。

签署知情同意书后，对供体进行健康调查和体检。供体应无传染病（包括但不限于甲型肝炎、乙型肝炎、丙型肝炎、艾滋病和梅毒）、遗传病、肿瘤及其他可能影响受体健康的重大疾病，并且，患者本人及直接亲属无传染病史，无遗传病史，无其他影响移植治疗的重大病史。体检结果应无异常，能够满足患者移植治疗要求。

新鲜人体组织或器官采集

干细胞制剂的有效成分是活细胞，需要从健康的活体组织器官或离体新鲜组织器官中采集，以保证细胞活性。能够采集干细胞的活体组织器官可以是骨髓、外周血、脂肪以及孕妇产前检查时抽取的羊水、带毛囊的毛发、因松动而拔除的儿童乳牙等。以自体骨髓采集为例，简要说明采集过程。

自体骨髓采集前，必须对患者进行充分体格检查以及全身主要脏器功能检查，同时也必须进行麻醉相关性风险检查评估。采血过程可能会导致明显失血，术前需要准备足量自体血。自体血采集量，控制在 10~20 毫升 / 千克体重，每周采血 1~2 次，每次 200~400 毫升，共需采集 800~1 200 毫升。若不方便准备自体血，准备异体血时需要进行交叉配血，确定血型，同时照射 15~25 戈瑞，以避免发生输血相关性移植物抗宿主病。同种异体骨髓采集前，应充分了解供者患病史；人类白细胞抗原（HLA）A、B、DR 检查结果，混合淋巴细胞培养结果，一定要符合临床要求；进行 ABO 和 Rh 血型、感染性疾病血清学检查等。

整个骨髓采集过程，应在无菌条件下进行，经皮肤采集骨髓时，若选择髂后，穿刺点仅有 6~8 个。若选择整个髂后上棘，穿刺点则达到 200~300 个，此时每个穿刺点抽吸量应低于 10 毫升，以最大限度地防止血液稀释骨髓。采集同种异体骨髓，应尽量选择年轻供者，明显优势是干细胞含量丰富，可降低移植物抗宿主病发生概率。亲属供者无年龄限制，非亲属供者规定 18~55 岁。

采集后，骨髓需经 200~300 微米滤网过滤。骨髓采集量因受者体重而异，一般 10~15 毫升 / 千克体重。最低有核细胞数，按受者 2×10^8 细胞

/ 千克体重计算。采集的骨髓含有小粒和脂肪，直接输注时可能引起栓塞。经过滤除去小粒后，将骨髓离心或置于 4℃冰箱，让脂肪自然凝集，析出后，除去。将盛有供者样本的采集瓶或采集袋装封好，粘贴样本采集信息标签，放入 4~8℃冰箱或特制运输冷藏箱，由专人尽快送到细胞分离室，及时提取造血干细胞。

与活体组织器官采集相比，离体新鲜组织器官采集的样本种类更多，包括脐带血、脐带、流产或堕胎的胚胎（胚胎发育 14 日龄前）、胎盘、乳液、唾液、尿液以及女性经血等。以胎盘采集为例，简要说明采集过程。

采集胎盘前，必须与产妇签署知情同意书，并进行健康检查。足月产孕妇，发育、营养正常，无遗传性疾病，无传染性疾病（甲型肝炎、乙型肝炎、丙型肝炎、艾滋病、梅毒等），无恶性肿瘤及影响干细胞移植治疗的其他重大疾病，无既往遗传病史及家族遗传病史。胎儿体重超过 2 500 克，无畸形。产妇无输血史，妊娠期间无严重并发症。

待产妇将胎盘全部娩出后，在无菌条件下，迅速进行采集。胎儿娩出后 10 秒内，在距离新生儿脐部 5~8 厘米处用止血钳夹住，剪断脐带。将脐带断端和近胎盘端用外科缝合线结扎，用 0.9% 生理盐水冲洗胎盘和脐带表面，除去血液、尿液、胎粪等污物。打开一次性无菌采集袋，将处理好的胎盘放进去，倒入围产期组织液，浸没胎盘。将胎盘密封好，放入采集盒，置于 4~8℃冰箱或特制运输冷藏箱，4 小时内进行分离提取。

若新鲜胎盘冷藏时间过长，干细胞活力会下降，影响治疗效果。需要特别注意的是，等待分离提取干细胞的新鲜组织器官不能进行冷冻，否则融化后细胞会死亡，导致分离提取失败。

干细胞分离提取及纯化

不同干细胞家族，分离提取原理和纯化方法不同。以骨髓间充质干细胞、骨髓造血干细胞、羊膜间充质干细胞为例，简要叙述分离提取和纯化过程。

骨髓间充质干细胞

拿到新鲜骨髓样本后，首先检查采集瓶或采集袋有没有渗漏和异常，标签信息是否相符。然后采用密度梯度离心法、全骨髓培养法、羟乙基淀粉（hetastarch，HES）沉淀法进行分离提取。

密度梯度离心法：①在无菌条件下，采集骨髓标本抗凝后，加入等量磷酸盐缓冲液洗涤，以 1 000 转 / 分钟离心 5 分钟后，弃掉上清液；②加入磷酸盐缓冲液 4 毫升，将细胞悬浮起来，缓慢加入等量聚蔗糖 - 泛影葡胺分层液（Ficoll 分离液），以 2 000 转 / 分钟离心 20 分钟；③收集白膜层单个核细胞，用磷酸盐缓冲液洗涤，1 000 转 / 分钟离心 5 分钟，进行 2 次后，弃掉上清液，重新悬浮于含 10% 胎牛血清的细胞培养液中；④按 10^5~10^6 细胞 / 毫升的密度接种于 25 平方厘米塑料培养瓶中，置于 37℃、5%CO_2、饱和湿度的二氧化碳培养箱内培养。

全骨髓培养法：将采集的新鲜骨髓以 1 500 转 / 分钟离心 5 分钟，弃掉上清液，磷酸盐缓冲液洗涤 2 次，用含 10% 胎牛血清的细胞培养液重新悬浮细胞，细胞计数后，以 10^5~10^6 细胞 / 毫升的密度接种于 25 平方厘米塑料培养瓶中，置于 37℃、5%CO_2、饱和湿度的二氧化碳培养箱内培养。

羟乙基淀粉沉淀法：①将采集的新鲜骨髓和 6% 羟乙基淀粉按 4：1 比例混匀，室温下静置 1 小时，有核细胞悬浮在上清液中；②取上清液离心后，将沉于管底的细胞团以培养液洗涤两次；③细胞计数后，以 10^5~10^6 细胞 / 毫升的密度接种于 25 平方厘米塑料培养瓶中，置于 37℃、5%CO_2、饱和湿度的二氧化碳培养箱内培养。骨髓间充质干细胞可通过体外贴壁培养法和反复传代贴壁法进行纯化。体外贴壁培养法，可以去除悬浮生长的白细胞。反复传代贴壁法可以去除成纤维细胞、巨噬细胞、内皮细胞等成分。联合使用这两种方法，可以获得纯化的间充质干细胞。

骨髓造血干细胞

利用新鲜骨髓样本，还可以分离提取造血干细胞。依次通过羟乙基淀粉沉淀法、密度梯度离心法、免疫磁珠法进行分离提取纯化。采集的新鲜骨髓样本，首先按体积比 4：1 加入羟乙基淀粉，让红细胞自然沉降。取上清液，离心后，获得细胞沉淀，以 1% 白蛋白盐水液洗涤细胞 2 次。再进行密度梯度离心，分离单个核细胞层，以 1% 白蛋白盐水液洗涤细胞 3 次。最后用免疫磁珠法进一步纯化，分选 $CD34^+$ 造血干细胞。

羊膜间充质干细胞

从采集的新鲜胎盘样本中，可以分离提取间充质干细胞。无菌手术刀分离脐带近端羊膜组织，剪成 6 厘米 ×6 厘米大小的方块，用含青霉素、链霉素的磷酸盐缓冲液反复洗涤，杀灭污染的细菌。将羊膜组织置于无菌培养皿中，细胞刮刀刮除未洗涤的血块和初步刮除羊膜上皮细胞，用磷酸盐缓冲液冲洗。将羊膜尽量剪碎，添加 0.25% 胰酶液，37℃消化 1 小时。然后 100 目细胞筛过滤，收集羊膜碎皮，用胶原酶 Ⅱ 和脱氧核糖核酸酶 Ⅰ（DNase Ⅰ），37℃消化 1 小时。再用 300 目细胞筛过滤，收集细胞液，以 1 000 转 / 分钟离心 5 分钟，台盼蓝染色后，计数活细胞。以 5×10^6 细胞 / 毫升的密度接种于 25 平方厘米透气细胞培养瓶，置于含 0.5% CO_2 的二氧化碳培养箱，37℃培养，定期更换细胞培养液，待细胞基本铺满培养瓶底时，1：2 传代培养。跟骨髓间充质干细胞一样，通过体外贴壁培养法和反复传代贴壁法进行纯化。

检测鉴定

骨髓间充质干细胞、羊膜间充质干细胞都是属于间充质干细胞家族，除根据来源确定干细胞种类外，两者生物学特性类似，检测鉴定方法基本相同。骨髓造血干细胞属于造血干细胞家族，除根据来源确定干细胞种类外，生物学特性和检测鉴定方法同其他造血干细胞基本相同。间充质干细胞、造血干细胞检测鉴定方法，详见“人类干细胞家族”。

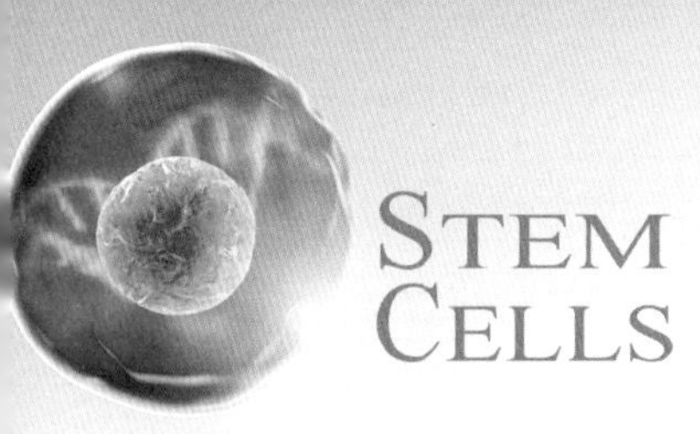

体外培养扩增

各种干细胞在人体组织器官中含量稀少。经过分离提取纯化后，获得的少量干细胞，需要在体外环境中，利用细胞培养瓶进行适当培养扩增，以增加干细胞种子数量，方便研究应用。

造血干细胞培养扩增

自 1956 年美国华盛顿大学爱德华·唐纳尔·托马斯教授（Edward Donnall Thomas）完成世界上第一例人类骨髓移植治疗白血病手术后，造血干细胞移植成为根治白血病等恶性血液系统疾病的唯一有效手段。由于受制于适于移植的造血干细胞来源及数量有限，如一份脐带血所含造血干细胞数量仅能够满足 30 千克以下的儿童使用，致使许多患者没有移植治疗机会。若移植造血干细胞数量不足，会直接导致移植失败，或造血功能恢复延迟。体外培养扩增是解决造血干细胞数量严重不足的主要策略，只是在体外培养条件下，造血干细胞扩增不太容易。

科学家们并没有放弃体外扩增造血干细胞研究。采用细胞因子联合培养技术、模拟骨髓微环境技术、基因调控表达技术、小分子扩增剂等取得了一些进展，不过仍存在一些问题。造血干细胞体外扩增的难点在于，在细胞数量增加同时，无法长期保持造血干细胞的自我复制更新和多向分化潜能。即在扩增过程中，造血干细胞逐渐分化为成熟细胞，丧失了本身固有的干细胞特性，即俗称的“干性”。在培养液中，刚分离的造血干细胞呈悬浮状态。经过一段时间培养扩增后，由于有些干细胞分化为成熟细胞，出现贴壁现象。理想的体外培养扩增应该是，干细胞经过反复分裂增殖后，仍然保持自我复制更新和多向分化潜能，而不会出现分化。

迄今，造血干细胞体外扩增问题仍没有完全解决。临床上造血干细胞移植治疗，也因此受到了一定限制。

间充质干细胞培养扩增

与造血干细胞不同，间充质干细胞是贴壁细胞，即在体外塑料瓶中培养时，贴附于瓶壁，呈旋涡状生长。间充质干细胞适于体外培养扩增，多次培养扩增后，仍然保持良好的自我复制更新和多向分化潜能。临床移植治疗用的间充质干细胞制剂，可以是在体外培养扩增 6 代前的细胞。这些细胞仍然保持了良好的间充质干细胞特性。

间充质干细胞体外培养扩增过程并不复杂。原代培养的间充质干细胞，接种到含有培养液和添加物的细胞培养瓶中，在二氧化碳培养箱中 37℃培养4天。更换新鲜培养液，去掉非贴壁细胞，继续培养并适时更换新鲜培养液。约培养 10 天后，间充质干细胞基本铺满瓶底，用 0.25% 胰蛋白酶液消化。细胞由 1 瓶均分为 3 瓶，加入培养液和添加物后，进行培养。重复以上操作，直到间充质干细胞基本铺满瓶底，用 0.25% 胰蛋白酶液消化。细胞由 1 瓶均分为 3 瓶，加入培养液和添加物后，进行培养。反复重复以上操作，进行间充质干细胞培养扩增，直到达到要求。

由于易于体外培养扩增，间充质干细胞药物研发比造血干细胞发展快。迄今国外已有多种间充质干细胞新药上市，批准临床应用。

国外批准上市的细胞药物

批准机构	时间	商品名	来源	适应证
欧盟药品管理局	2009 年 10 月	ChondroCelect	自体软骨细胞	膝关节软骨缺损
美国食品药品监督管理局	2009 年 12 月	Prochymal	人异基因骨髓来源间充质干细胞	移植物抗宿主病和克罗恩病
澳大利亚治疗用品管理局	2010 年 7 月	Mesenchymal Precursor Cell，MPC	自体间充质前体细胞	骨修复
韩国食品药品管理局	2011 年 7 月	Hearticellgram-AMI	自体骨髓间充质干细胞	急性心肌梗死
美国食品药品监督管理局生物制品许可	2011 年 11 月	Hemacord	脐带血造血祖细胞(用于异基因造血干细胞移植)	遗传性或获得性造血系统疾病
韩国食品药品管理局	2012 年 1 月	Cartistem	脐带血来源间充质干细胞	退行性关节炎和膝关节软骨损伤
韩国食品药品管理局	2012 年 1 月	Cuepistem	自体脂肪来源间充质干细胞	复杂性克隆氏病并发肛瘘

续表

批准机构	时间	商品名	来源	适应证
加拿大卫生部	2012年5月	Prochymal	骨髓间充质干细胞	儿童急性移植物抗宿主疾病
欧盟药品管理局	2015年2月	Holoclar	含干细胞的人自体角膜上皮细胞	成人患者因物理或化学灼烧而引起的中重度角膜缘干细胞缺陷症
欧盟药品管理局	2015年6月	Stempeusel	骨髓来源混合间充质干细胞	血栓闭塞性动脉炎
日本厚生劳动省	2015年9月	Temcell	骨髓间充质干细胞	用于造血干细胞移植后严重并发症之一——“急性移植物抗宿主反应”治疗
美国食品药品监督管理局	2016年12月	Maci	自体软骨细胞（在猪胶原蛋白膜上培养的组织工程产品）	膝关节软骨损伤
美国食品药品监督管理局	2017年8月	Kymriah	嵌合抗原受体T细胞（CAR-T）	治疗3~25岁的急性淋巴细胞白血病
美国食品药品监督管理局	2017年10月	Yescarta	嵌合抗原受体T细胞（CAR-T）	治疗复发/难治性大B细胞淋巴瘤的成人患者
欧盟委员会	2018年3月	Alofisel（darvadstrocel，前期名称为Cx601）	异体脂肪间充质干细胞	治疗成人非活动性/轻度活动性克罗恩病并发复杂肛周瘘患者

续表

批准机构	时间	商品名	来源	适应证
印度药品管理总局	2020年8月	Stempeucel	成年人异体骨髓间充质干细胞	伯格氏病（buerger's disease）和动脉粥样硬化性周围动脉疾病引起的严重肢体缺血

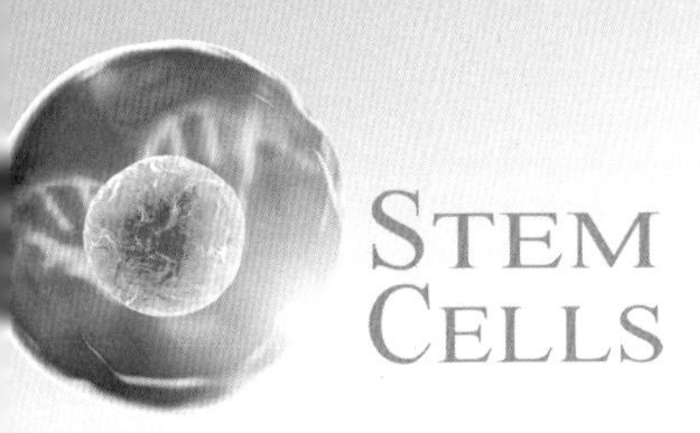

制剂批量制备

由于造血干细胞难以体外培养扩增，干细胞制剂批量制备主要用各种间充质干细胞。

种子干细胞制备

干细胞大量培养前，需要先制备种子干细胞。顾名思义，种子干细胞就是用来大量繁殖干细胞的种子。就像小麦种子，通过种植可以收获更多小麦。收获的小麦又可以做种子，通过种植，再收获更多小麦。种子干细胞可以是来自患者自身或同种异体组织器官的原代干细胞，也可以是长期冷冻保存在干细胞库里 -196℃液氮中的干细胞系（stem cell line）。使用前，冻存的干细胞系需要复苏，离心除去冻存保护剂。

由于富含干细胞的组织器官来源有限，干细胞含量稀少，最初制备的干细胞不会太多。还要留种、取样进行各种检测鉴定等，实际用于制剂制备的种子干细胞数量更少。在批量制备干细胞制剂前，需要首先扩增种子干细胞数量。种子干细胞扩增，可以利用方瓶、转瓶、搅拌瓶等塑料或玻璃细胞培养容器进行。当使用搅拌瓶培养时，要与微载体配合使用。种子干细胞贴附在几十微米直径的球形微载体表面生长繁殖。通过磁力驱动的螺旋桨片，将生长有干细胞的微载体搅动起来，悬浮在培养液中，以利于干细胞吸收氧气和营养，排出二氧化碳和代谢废物。

如果扩增一次后，干细胞数量仍不够用，可以多次进行传代扩增，直到种子干细胞数量能够满足需要。不过前提是，一定要保证种子干细胞质量。对于个别分化、老化、凋亡、死亡的干细胞，要及时尽可能除去，不能影响到种子干细胞质量。

生物反应器大量培养

生物反应器就是模拟机体内生理环境，进行细胞大量培养，收获细胞或细胞分泌产物的装置。借助于生物反应器，大量培养扩增种子干细胞，进行干细胞工业化生产，可通过两条途径实现：一是，大规模培养，即通过增大培养罐容积提高干细胞产量；二是，高密度培养，即通过提高培养罐单位容积的干细胞密度提高产量。两条途径各有千秋，根据实际情况进行选择。

高密度培养时，需要借助于微载体或多孔微球扩大干细胞生长表面积，提高干细胞产量。培养罐上连接有电脑控制面板、各种探头（probe）、管道和阀门、蠕动泵、盛有培养液或各种添加物的瓶子、罐子以及氧气和二氧化碳储气瓶，用以监测控制培养液温度、pH 值、溶解氧（DO）、葡萄糖浓度、乳酸浓度等参数，向培养罐中添加种子干细胞、培养液、各种添加物或通入氧气、二氧化碳，以及从培养罐中取样分析细胞密度、活细胞数、细胞状态等。

人体内细胞新陈代谢需要消耗氧气，排出二氧化碳。在高密度培养状态下，干细胞会消耗大量氧气。但要注意，不能直接向培养液中通入纯氧气，那样干细胞会发生中毒现象，通常需要通入 95% 氧气和 5% 二氧化碳的混合气体。纯氧导致细胞中毒，类似于人从缺氧的高原环境来到富氧的平原环境发生的“醉氧”。人发生醉氧时，会感觉疲倦、无力、胸闷、腹泻、头昏、嗜睡等症状。细胞氧中毒时，会影响细胞的分裂、增殖、生长、发育等活动，严重的可导致死亡。

不同培养容积的生物反应器

A. 玻璃培养罐(2 升); B. 不锈钢培养罐(20 升)

生物反应器操作复杂，价格昂贵。如果是实验室研究或动物试验，需要的干细胞数量不是太多，也可以使用笔者研究团队研发的间充质干细胞过滤分离器。该设备先后获得国家实用新型和发明专利授权（发明专利号为 ZL201110114977.2; 实用新型专利号为 ZL201120139405.5）。

间充质干细胞过滤分离器，由打气球、除菌过滤器、可高压蒸汽灭菌的橡胶塞、空气压缩室、圆锥形不锈钢筛网、除菌过滤器、干细胞收集瓶和稳压口等部分组成，用于从脐带、胎盘、脂肪等组织中，大量分离制备间充质干细胞。

这个干细胞分离制备装置的优势主要有：①各个部件都能方便地进行拆卸、洗涤和灭菌；②独特的圆锥形细胞筛网设计，既减小了其上流体的表面张力，又增大了承载液体的表面积、体积和液体下层压强，更有利于液体流下，显著提高了间充质干细胞的过滤效率；③间充质干细胞分离制备操作的时间大大缩短，减少了污染发生的机会，提高了间充质干细胞成活率；④处理量大，且分离制备的间充质干细胞数量多，质量好；⑤操作方便，价格低廉，便于实验室和医院推广应用。

一条 40 厘米长的脐带，若采用组织块贴壁培养法分离提取，可获得 1.5 亿 ~2 亿个原代间充质干细胞。通过多层培养瓶，传代培养 3~5 代后，可获得 100 亿个以上间充质干细胞，能满足数千人临床移植治疗。若通过适当的生物反应器大量培养，可获得的间充质干细胞数量会成倍乃至数十倍增长，质量也更高，能满足数万甚至数十万患者移植治疗需要。可见，间充质干细胞是一种“成药”性很强的干细胞，适合利用生物反应器大量生产，以满足临床需求。

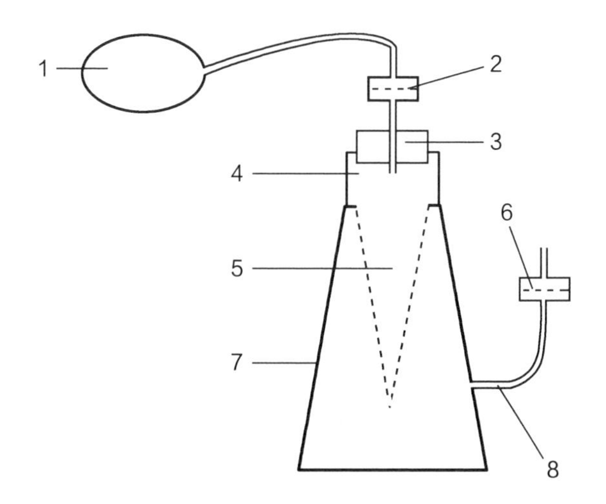

间充质干细胞过滤分离器

1. 打气球；2. 除菌过滤器(内置 0.22 微米滤膜)；3. 可高压灭菌的橡胶塞；4. 空气压缩室；5. 圆锥形不锈钢筛网(100~300 目)；6. 除菌过滤器(内置 0.22 微米滤膜)；7. 干细胞收集瓶；8. 稳压口

干细胞制剂制备

干细胞制剂的主要成分包括干细胞、基础溶媒、添加剂和保护剂。

干细胞是制剂有效成分，通常每毫升含 10 万 ~1 千万个。用于制剂配制的干细胞，需要首先进行一系列检测检验，确保细胞存活率、内毒素、支原体、核型等各项指标符合要求。

基础溶媒起到悬浮干细胞及作为干细胞载体作用，使用生理盐水（0.9% 氯化钠水溶液）或复方电解质注射液（plasmalyte A）。生理盐水作基础溶媒，有不少缺陷：①生理盐水含钠离子和氯离子，偏酸性，不含任何营养成分；②干细胞长时间悬浮于生理盐水中，会因缺乏营养死亡、聚集，导致有效干细胞数量减少；③聚集成团的干细胞，会堵塞注射器针头和微血管，给临床治疗带来风险；④过量输入生理盐水，会引起氯中毒。复方电解质注射液是一种接近生理血浆的缓冲液，含钠离子、钾离子和氯离子，pH 值、渗透压都与血浆生理浓度相同，不会发生高氯性代谢性酸中毒，具备强大酸碱缓冲体系，适合作干细胞制剂的基础溶媒。

添加剂主要有：①能源物质，包括 L- 谷氨酰胺和腺苷；②抗氧化剂，包括 N- 乙酰半胱氨酸和亚硒酸钠；③活性生长因子，包括胰岛素等；④抗凝剂，包括肝素钙等。

保护剂主要有：①渗透性细胞内冷冻保护剂，如甘油、二甲亚砜（dimethyl sulfoxide，DMSO）、乙二醇、丙二醇、乙酰胺、甲醇等，常用甘油、二甲亚砜；②非渗透性细胞外冷冻保护剂，如聚乙烯吡咯烷酮（polyvinyl pyrrolidone，PVP）、蔗糖、聚乙二醇、葡聚糖、人血白蛋白、羟乙基淀粉等，都是大分子物质，不能渗透到细胞内。人血白蛋白，一方面具有调节细胞内外渗透压平衡作用，另一方面由于带负电荷，能够防止细胞聚集，使细胞处于分散状态。

在符合《药品生产质量管理规范》标准的洁净车间内，在严格无菌条件下，将各种成分混合在一起，进行干细胞制剂配制。然后还要进行分装、包装、贴标签、打批号、制作使用说明等工作。

分装前，要对干细胞注射液进行质量检验，达到标准方可进行分装。直接参与分装人员，每年至少进行一次健康体检，确保无病毒性肝炎、活动性结核及其他传染性疾病。分装量应适当多于标签标示量，如分装 50 毫升时，可补加 1.0 毫升。

包装材料要求无菌、无色透明、不吸附细胞、不影响细胞活性。制剂成品外观应无明显沉淀物、无异物。包装时，粘贴的瓶签、打印的批号和有效期，应该字迹清晰。

干细胞制剂使用说明书，应注明相关警示语，譬如因原料来自婴儿脐带，虽然对脐带组织的供体进行了相关病原体筛查，并在培养制备工艺中也严格无菌操作，加入的培养液及相关营养物质也是有资质的生产商并由其提供相关质量合格证明的制剂。但理论上，仍存在传播某些已知和未知病原体的潜在风险，临床使用时应权衡利弊。

干细胞制剂的规格，一般为 20 毫升、50 毫升、100 毫升。

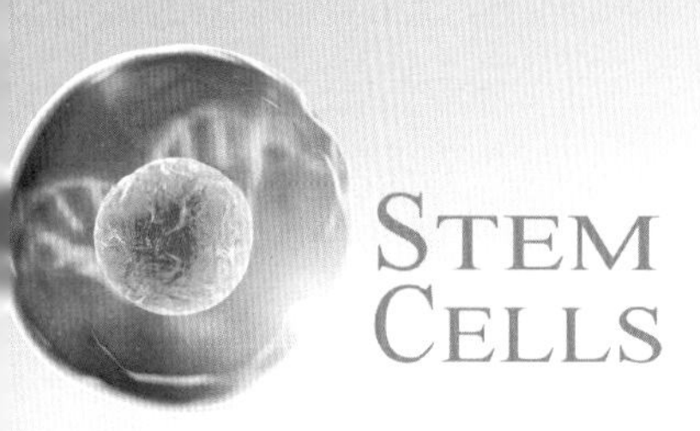

制剂质量管理

干细胞制剂用于患者临床移植治疗，其质量好坏直接关系到治疗效果和患者安全，需要进行严格质量控制。不同干细胞制剂的质量，差异可能很大。干细胞来源的组织器官材料、分离提取纯化方法及过程、检测鉴定方法及过程、培养传代方法及过程、扩增方法及过程、制剂配制添加成分及配制方法和过程、冷藏或冷冻保存方法及过程、复苏方法及过程、操作人员技能差异等因素，都会影响干细胞制剂的质量。

制剂制备过程及所用材料的质量要求

控制干细胞制剂质量，需要从一开始就要建立一系列标准操作程序（standard operating procedure，SOP）。如脐带间充质干细胞制剂制备，需要预先制定新生儿脐带采集、干细胞分离提取纯化、原代培养、传代扩增、检测鉴定、细胞系建立、冷冻保存、注射液配制和保存的标准操作及质量管理程序，建立质量标准，并在符合《药品生产质量管理规范》要求基础上严格执行。

移植治疗用脐带间充质干细胞的质量标准

检测项目	方法	标准和参数
病毒类病原体 人类免疫缺陷病毒 乙型肝炎病毒 丙型肝炎病毒 巨细胞病毒 人类T细胞白血病病毒 EB病毒	PCR法	应为阴性
细菌、真菌类病原体	无菌试验	应无菌生长
存活率	台盼蓝染色法	存活率不低于95%
细胞表型	流式细胞仪法	CD29、CD44、CD73、CD90和CD105呈阳性，阳性率不低于95%，CD31、CD34、CD45、HLA-DR呈阴性，表达不高于2%
细胞核型	常用染色体显示法	正常二倍体细胞核型，为46 XY或46 XX
生物学效力试验（多向分化潜能）		
脂肪细胞	成脂诱导分化法	油红O染色，见明显红色脂滴
成骨细胞	成骨诱导分化法	茜素红S染色，钙质结节被染成红色
软骨细胞	成软骨诱导分化法	软骨胶原基质被阿尔新蓝染成蓝色
异常免疫学反应	T细胞增殖抑制试验	细胞浓度为2×10^5细胞/毫升时，对T细胞的抑制率不低于50%

新生儿脐带样本的采集场所，应达到Ⅱ级一般洁净手术室要求，保证无菌采集环境。

采集前，应选择健康足月产妇，并确保：①获得产妇本人、法定代表人或监护人同意，签署知情同意书；②经检验，产妇乙型肝炎病毒、丙型肝炎病毒、人类免疫缺陷病毒、EB 病毒、巨细胞病毒、人类嗜 T 细胞白血病病毒、梅毒螺旋体、支原体、霉菌等病原体均为阴性；③产妇本人及家族成员无遗传病、传染病、精神病或其他重大疾病的现病史和既往病史。

采集时，待胎儿娩出，立刻用蘸有 75% 酒精的纱布擦拭脐带，截取至少 15 厘米无针孔的脐带放入保存液中，置于无菌采集袋里，标识清楚，脐带两端用手术线结扎。

在无菌室操作台上，从新生儿的脐带组织分离华通氏胶，以组织块培养法或酶消化法分离脐带间充质干细胞，用贴壁法进行原代培养。

培养液中若加有牛血清、猪胰酶，除要求供应商提供企业合法生产资质、产品合格证及说明书等信息外，还要检测牛、猪来源的危险致病病毒。传代培养要有明确的细胞鉴别特征，细胞纯度和活性达到临床要求，并且无内外源微生物污染。

经传代及扩增培养后达到一定数量的细胞系，可以进行冷冻保存。冻存细胞需加入合适的冷冻保护液，在程序降温条件下进行冷冻。冻存好的细胞移至液氮罐中（-196℃，不高于 -135℃）长期储存。

为减少不同批次干细胞在研究应用过程中的变异性，在干细胞制剂制备阶段，应对来源丰富的同一批特定代次的符合质量要求的干细胞建立多级细胞库，如主细胞库和工作细胞库。

干细胞培养液添加物及注射液配制所需的基础溶媒和添加物都要有合法来源，生产企业有相应资质，能够提供产品合格证和说明书等信息。干细胞分离制备及制剂配制的相关重要信息（如干细胞供者的年龄、民族、血型、现病史、既往病史等；干细胞制剂的生产日期、批号、有效期、入库时间、出库时间等）应录入计算机信息管理系统。为避免感染计算机病毒或遭黑客攻击丢失，核心数据信息一定要备份。

制剂的质量检测

临床级干细胞制剂，需要经过一系列质量检验，包括细胞检验、制剂检验、放行检验、质量复核等一系列复杂的程序。

细胞检验

细胞检验包括但不限于细胞鉴别、存活率和生长活性、纯度和均一性、无菌试验和支原体检测、细胞内外源致病因子检测、内毒素检测、异常免疫学反应、致瘤性、促瘤性、生物学效力试验，以及细胞培养液及其他添加成分残余量检测等。各项检测指标应符合质量要求。

临床级脐带间充质干细胞制剂的质量标准

检验项目	内容及方法	标准和参数
细胞鉴别	通过细胞形态(倒置显微镜观察);遗传学、代谢酶亚型谱分析、表面标志物(免疫细胞化学染色法和流式细胞术)及特定基因表达产物(PCR 扩增法)等检测,对不同供体及不同类型干细胞进行综合的细胞鉴别	在体外标准培养条件下,黏附于塑料瓶壁生长,基本呈梭形,旋涡状生长,形态相对均一;正常二倍体细胞核型,为 46 XY 或 46 XX;CD29、CD44、CD73、CD90 和 CD105 呈阳性,阳性率不低于 95%,CD31、CD34、CD45、HLA-DR 呈阴性,表达不高于 2% 等

续表

检验项目	内容及方法	标准和参数
存活率及生长活性	采用不同的细胞生物学活性检测方法，如活细胞计数、细胞倍增时间、细胞周期、克隆形成率、端粒酶活性等，判断细胞活性及生长状况	存活率不低于 95%；体外扩增人脐带间充质干细胞潜伏期为 1~2 天，对数生长期为 3~7 天，第 8 天以后长满瓶底转入平台期，生长停滞，传代培养增殖倍数为 5~6 倍；人脐带间充质干细胞 85% 以上处于 G_0/G_1 期，G_2/M 期占 5% 以下，S 期细胞占 10% 以下
纯度、均一性、最低装量	通过肉眼观察及检测细胞表面标志物、遗传多态性、特定生物学活性等，对制剂进行细胞纯度及均一性检测。用最低装量检查法，检查最低装量	均匀悬浊液，无明显沉淀，无异物。每剂最低装量应为（20±2）毫升
无菌试验和细菌、真菌、支原体、梅毒螺旋体检测	依据 2020 版《中华人民共和国药典》中的生物制品无菌试验和支原体检测规程，对细菌、真菌、支原体污染进行检测	应无菌生长，细菌、支原体、真菌、梅毒螺旋体检测应为阴性
细胞内外源致病因子检测	应结合体内和体外方法，根据每种细胞制剂特性进行人源及动物源性特定致病因子，利用 PCR 技术、酶联免疫法等进行检测。若使用过牛血清，须进行牛源特定病毒检测。若使用胰酶等猪源材料，应至少检测猪源细小病毒。此外，还应检测逆转录病毒	乙型肝炎病毒、丙型肝炎病毒、人类免疫缺陷病毒、EB 病毒、巨细胞病毒、人类 T 细胞白血病病毒、牛海绵状脑病（疯牛病）病毒、猪细小病毒等检测，应为阴性
内毒素检测	依据 2020 版《中华人民共和国药典》中内毒素检测规程中的凝胶法，对内毒进行检测	应≤50 内毒素单位（EU）

续表

检验项目	内容及方法	标准和参数
异常免疫学反应	检测异体来源干细胞制剂对人总淋巴细胞增殖和对不同淋巴细胞亚群增殖能力的影响，或对相关细胞因子分泌的影响，以检测干细胞制剂可能引起的异常免疫反应	间充质干细胞浓度为 2×10^5 细胞 / 毫升时，对 T 淋巴细胞增殖抑制率不低于 50%
致瘤性	对于异体来源的干细胞制剂或经体外复杂操作的自体干细胞制剂，须通过免疫缺陷动物体内致瘤试验，检验细胞致瘤性	应无致瘤性
生物学效力试验	通过检测干细胞分化潜能、诱导分化细胞的结构和生理功能、对免疫细胞的调节能力、分泌特定细胞因子、表达特定基因和蛋白等功能，判断干细胞制剂与治疗相关的生物学有效性。对间充质干细胞，无论何种来源，应进行体外多种类型细胞（如成脂肪细胞、成软骨细胞、成骨细胞等）分化能力检测，以判断其细胞分化多能性。除此以外，作为特定生物学效应试验，应进行与其治疗适应证相关的生物学效应检验	应具有相应生物学功能
培养基及其他添加成分残余量检测	应对制剂制备过程中残余的、影响干细胞制剂质量和安全性的成分，如牛血清蛋白、细胞因子、抗生素等进行检测	牛血清残余量应≤50 纳克 / 毫升（酶联免疫法或间接凝集法）。人表皮生长因子残余量应≤100 皮克 / 毫升（酶联免疫吸附法）。抗生素残余量应为阴性（培养法）

制剂检测

在干细胞各项检测基础上，进一步检测制剂中细胞形态、生长活性、增殖分化能力、存活率等，以及检测制剂纯度及均一性、支原体及其他微生物病原体、内毒素、异常免疫反应、致瘤性、促瘤性、生物学效力，以及培养基及其他添加成分残余量等。

制剂中细胞形态、生长活性、增殖分化能力，可通过体外细胞培养后，用倒置显微镜观察进行检测。

细胞存活率，可通过台盼蓝（又称锥虫蓝）染色后，用血球计数板计数活细胞，进行计算。活细胞能被台盼蓝染色，而死细胞不能。

制剂纯度及均一性，可通过肉眼观察以及检测细胞表面标志物、遗传多态性、特定生物学活性等，对制剂进行细胞纯度及均一性检测。

支原体及其他微生物病原体检测，可2020版《中华人民共和国药典》中生物制品无菌试验和支原体检测规程，对细菌、真菌、支原体污染进行检测。

内毒素，可通过凝胶法，利用鲎试剂与内毒素发生凝集反应，进行检测。

异常免疫反应，可通过胸腺依赖性淋巴细胞（T淋巴细胞或T细胞）增殖抑制试验进行检测。

致瘤性、促瘤性可通过免疫缺陷动物（如裸鼠）体内致瘤、促瘤试验进行检测。

生物学效力，若是间充质干细胞，可通过检测干细胞的多向分化潜能，如成脂肪细胞、成软骨细胞、成骨细胞等，诱导分化细胞的结构和生理功能、对免疫细胞的调节能力、分泌特定细胞因子、表达特定基因和蛋白等功能，判断干细胞与治疗相关的生物学有效性。

培养基及其他添加成分残余量，可通过酶联免疫法或间接凝集法检测牛血清、酶联免疫吸附法检测人表皮生长因子、培养法检测抗生素。

放行检验

针对干细胞制剂特性，制定放行检验项目和标准。放行检验项目应能在相对短时间内，反映干细胞制剂的质量和安全信息。

质量复核

由专业细胞检验机构或实验室进行干细胞制剂的质量复核检验，并出具盖章的正规检验报告，是质量管理的双保险。

制剂的稳定性

干细胞制剂的稳定性是指制剂在储存（液氮冷冻及细胞植入前的临时存放）和运输过程中的物理、化学以及生物学性质的改变。

检测项目主要包括细胞形态、活性、存活率、密度、纯度、无菌性等。其中稳定性检测的关键是，制剂中干细胞数量、活性的改变，直接影响到干细胞移植治疗的效果。

根据干细胞制剂稳定性检测结果，确定制剂的保存液成分和配方、保存和运输条件、有效期，并确定与有效期相适应的运输容器和工具，以及合格的细胞冻存设施和条件。

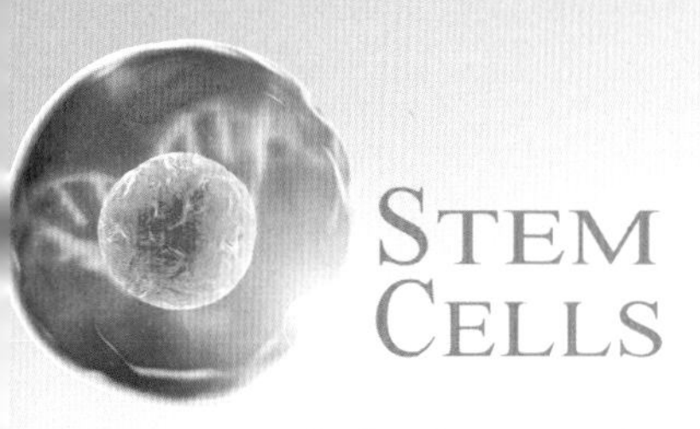

储存及运输

干细胞制剂制备出来后，暂时不用的，需要储存。从干细胞库或生产车间到医疗机构临床应用，需要运输。储存及运输方法是否得当，会直接影响干细胞制剂质量，关系到临床移植治疗效果和安全性。

干细胞制剂储存

在室温环境下，储存干细胞制剂一般不超过2小时。若在12小时内使用，干细胞制剂可储存在2~8℃医用冰箱内。使用时，置于2~8℃生物标本储藏运输箱内，运输至医疗机构进行移植治疗。若是长期储存，先放于4℃冰箱2小时，取出后置于-30℃冰箱2小时，再取出后置于-80℃低温冰箱2小时，经过这样梯度降温后，冻存在-196℃液氮中。用甘油或二甲基亚砜作冻存保护剂。可在含20%胎牛血清（fetal bovine serum，FBS）的培养液中加入二甲基亚砜，终浓度为10%。

使用前，需要复苏干细胞制剂。从液氮中取出塑料冻存管或玻璃安瓿瓶，迅速放入37~41℃恒温水浴箱中，轻轻晃动，直到冻存管或安瓿瓶内固体完全融化成液体状态。在临床应用前，离心除去冻存保护剂、牛血清等成分，再进行移植治疗。

干细胞制剂制备车间或干细胞库，应配备专业的冷藏冷冻设备或设施。干细胞库及储存干细胞制剂房间的温度、湿度应符合干细胞长期储存要求。干细胞制剂应避免直接光照，在储存过程中不要频繁进行存取操作，以免影响液氮罐内温度，降低制剂中干细胞存活率。

理论上，干细胞可以在液氮中常年保存。不过实际上，由于存取操作、液氮挥发、冻存复苏操作等原因，长期保存后干细胞活性会有不同程度的下降。

液氮具有挥发性，需要定期检查添加液氮，使干细胞制剂始终浸没在液氮中。有些液氮罐带有液位传感器和报警装置。当罐内液面下降到一定程度后会报警，提醒添加液氮。应尽量使用带有报警装置的液氮储存罐。

干细胞制剂运输

运输干细胞制剂时，应尽量选择快速便捷的交通工具。若运输时间不超过 12 小时，可将干细胞制剂保存在 2~8℃生物标本储藏运输箱内，进行运输。若是超过 12 小时的远距离长途运输，应尽量选择飞机、高铁做为交通工具。一定要注意，在运输前，需要提前办好空运干细胞制剂需要的全部手续，以免安检、登机过程中遇到麻烦。

若是使用专业冷藏卡车，也可以将装载有干细胞制剂的液氮罐一起运输。虽然干细胞制剂保存在液氮罐中，运输时间长达几十天甚至数个月，但是都不会对干细胞活性造成太大影响。

在运输过程中，注意不要磕坏生物标本储藏运输箱、液氮罐，以免弄破装有干细胞制剂的冻存管或安瓿瓶，使干细胞活性降低或完全失活报废。在运输前或运输途中要注意检查，确保装有干细胞制剂的生物标本储藏运输箱，温度保持在 2~8℃。液氮罐中液氮液面不要低于冻存的干细胞制剂，以免造成干细胞活性降低。

迷人的干细胞产品

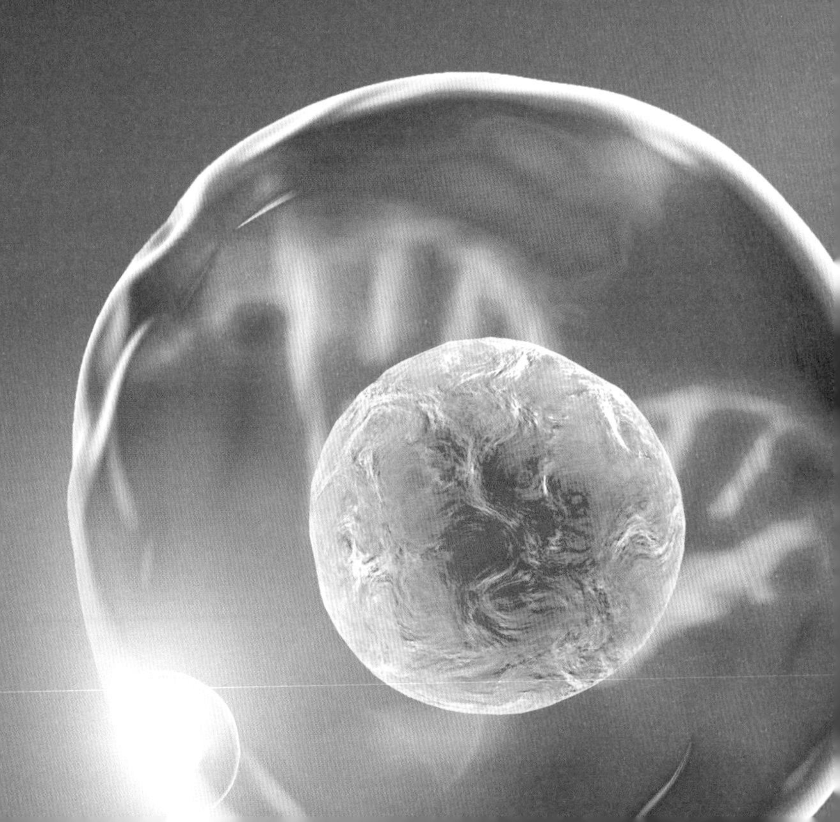

人干细胞是最早应用的干细胞，发现于 19 世纪后半叶，系统地研究却是在 21 世纪初。动物干细胞紧随人干细胞被发现，实际应用还不多。植物干细胞是借用人类干细胞的概念，发现于 21 世纪初，已有多种产品问世。迄今开发最成功的干细胞产品是干细胞药物，其次是组织工程医疗产品、护肤品，饮料、食品、功能食品还处于起步阶段。

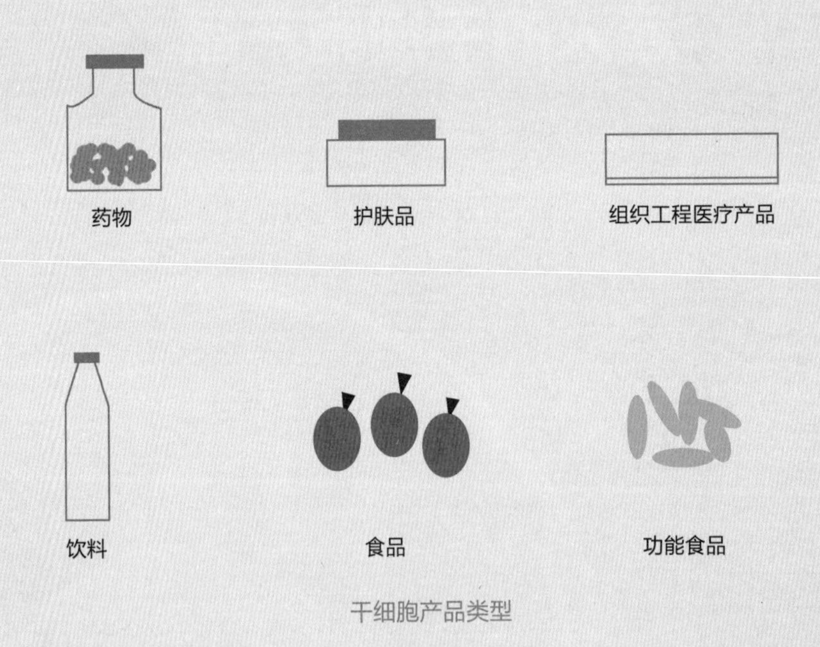

干细胞产品类型

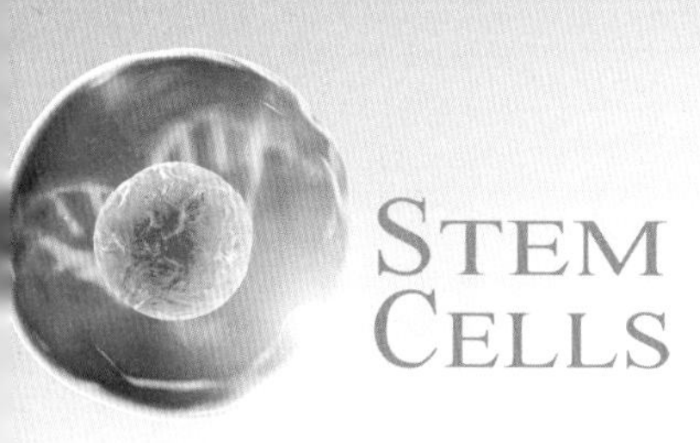

药物

临床治疗用干细胞药物主要来源于人干细胞，又分为人自体干细胞药物和人同种异体干细胞药物，两者都是同种干细胞药物。动物来源的干细胞药物，若是应用于人类疾病移植治疗则属于异种干细胞药物，应用于动物疾病移植治疗则属于同种干细胞药物。植物干细胞本身不能发育分化为动物或人类细胞，而且若移植到动物或人体内还会引发免疫排斥反应，有生命危险。植物干细胞药物不能用于移植治疗，只能外用或口服。这与动物或人类干细胞移植治疗具有本质不同。

人自体干细胞药物

世界上已有多个国家和地区批准了人自体干细胞药物进入临床应用。

2009 年 10 月，欧盟药品管理局批准了比利时一家生物制药公司生产的自体软骨细胞药物超恩诗莱克（ChondroCelect）治疗膝关节软骨损伤。这里用的自体软骨细胞，能够进行自我复制更新和增殖分化，具有干细胞性质。

2010 年 7 月，澳大利亚治疗用品管理局批准了本国制药公司生产的自体间充质前体细胞药物 MPC，用于治疗骨损伤。

2011 年 7 月，韩国食品药品管理局批准本国制药公司生产的人自体骨髓间充质干细胞药物哈特格拉姆（Hearticellgram-AMI，又称 Cellgram-AMI），用于治疗急性心肌梗死。Hearticellgram-AMI 是韩国批准的首个自体干细胞药物，置于预充式 10 毫升注射器中，缓冲液为碳酸氢钠，护理液为生理盐水，有 5×10^7、7×10^7、9×10^7 等规格（每毫升含细胞数）。

2012 年 1 月，韩国食品药品管理局批准本国制药公司生产的优普赛姆（Cuepistem）注射液，用于临床治疗复杂性克罗恩病并发肛瘘。这种注射液的主要成分是人自体脂肪间充质干细胞，每毫升含 3×10^7 细胞，每次治疗需要 2 万 ~3.5 万人民币。在层流病房中，患者经麻醉后缝合瘘管，干细胞被均匀注射到瘘管中。移植后的干细胞，一方面通过分裂、增殖、分化，再生或修复损伤的肠道组织，另一方面通过分泌多种细胞因子，发挥免疫调理功能和抗炎症作用。经自体干细胞移植治疗后，患者不再需要或延迟复杂肛瘘治疗手术。

2015 年 2 月，欧盟药品管理局批准意大利生产的含干细胞的人自体角膜上皮细胞浩勒克拉（Holoclar），用于治疗成年患者因物理或化学灼伤引起的中重度角膜缘干细胞缺陷症。

2016 年 12 月，美国食品药品监督管理局批准玛西（Maci），治疗膝关节软骨损伤。Maci 本质上是一种在猪胶原蛋白膜上培养患者自体软骨细胞生产的一种组织工程医疗产品。

中国目前还没有人自体干细胞药物上市，不过有的已被国家药品监督管理局批准进行临床研究。

人自体干细胞药物的优势是不会发生免疫排斥反应，无伦理争议。局限性是，专为患者本人量身定制，一般不会用于他人移植治疗。

人同种异体干细胞药物

在世界范围内，已有多种人同种异体干细胞药物上市。

2009 年 12 月，美国食品药品管理局批准本国生产的干细胞药物普洛凯玛（Prochymal），主要成分是人异基因骨髓间充质干细胞，用于移植治疗移植物抗宿主病和克罗恩病。这是世界上第一个人同种异体干细胞药物，也是全球公认的第一个干细胞药物。

2011 年 11 月，美国食品药品管理局又批准纽约脐带库生产的脐带血造血祖细胞药物海姆奥德（Hemacord）上市，用于异基因造血干细胞移植，治疗遗传性或获得性造血系统疾病，如地中海贫血。造血祖细胞是介于造血干细胞和血细胞之间的细胞家族，由造血干细胞分化而来，能继续增殖分化为血细胞如白细胞、红细胞、血小板等，本身却丧失了部分或全部自我更新能力。

2012 年 1 月，韩国食品药品管理局批准脐带血间充质干细胞药物卡提赛姆（Cartistem）上市，用于治疗退行性关节炎和膝关节软骨损伤。

2012 年 5 月，加拿大卫生部批准人异基因骨髓间充质干细胞药物 Prochymal 上市，用于临床治疗儿童急性移植物抗宿主病。

2015 年 9 月，日本厚生劳动省批准人异基因骨髓间充质干细胞药物蒂姆赛尔（Temcell）上市，用于移植治疗急性移植物抗宿主反应病，这是造血干细胞移植后严重并发症之一。Temcell 其实就是美国研发的 Prochymal，继被加拿大引进后，又被日本引进。

2018 年 3 月，欧盟委员会批准人同种异体脂肪间充质干细胞药物埃洛夫赛尔（Alofisel）上市，用于移植治疗成人非活动性或轻度活动性克罗恩病并发复杂肛周瘘患者。

2020 年 8 月，印度药品管理总局批准印度西普拉有限公司（Cipla Limited）的合作伙伴干细胞治疗研究私人有限公司（Stempeutics Research Pvt. Ltd）研发的同种异体骨髓间充质干细胞药物塞姆普赛尔（Stempeucel）上市，用于移植治疗伯格氏病（Buerger disease）和动脉粥样硬化性周围动脉疾病引起的严重肢体缺血。Stempeucel 来自健康成年人自愿捐献骨髓，通过肌内注射途径用药。研发历经 12 年时间，可谓十二年磨一剑。

截至 2021 年底，中国仍没有批准人同种异体干细胞药物上市，不过已有多种干细胞药物被国家药品监督管理局受理注册或批准进行临床研究。

异种干细胞药物

对于人类患者来说，动植物干细胞就是异种干细胞。低等动物身体结构与人类相差很大，干细胞无法增殖分化为人类组织器官，无法用作药物。整个植物大家族，个体结构更是与人类相差甚远，而且动物和人类的细胞没有细胞壁，有细胞壁的植物干细胞永远也无法分化为人类细胞，不能直接作为活细胞药物，否则可能发生严重免疫排斥反应。

从理论上讲，哺乳动物间充质干细胞，由于免疫原性弱，可以用于人类疾病移植治疗。然而在临床实践中，人同种异体间充质干细胞来源丰富，动物源干细胞存在病原体感染、伦理等风险，完全没有必要采用动物间充质干细胞进行移植治疗。实际上，目前极少有人愿意采用动物间充质干细胞进行移植治疗。

但是，异种细胞移植治疗仍然存在，如瑞士医生保罗·尼翰（ Paul Niehans ）的小羊胚胎活细胞疗法，用的就是异种细胞。美国食品药品监督管理局批准上市的组织工程皮肤——埃裴赛尔（Epicel），含有老鼠活细胞，属于异种细胞。

人干细胞用于动物移植治疗却很常见。人干细胞药物，对于动物患者而言，可以算是异种干细胞药物。笔者领导的研究团队，采用人羊膜间充质干细胞移植治疗大鼠糖尿病。试验结果显示，移植了人干细胞的糖尿病大鼠，第二天血糖就降到了正常水平，而未移植人干细胞的糖尿病大鼠，血糖没有下降。试验持续数月，人干细胞移植组大鼠最后身材肥硕，仍然像健康大鼠一样活蹦乱跳，生活质量获得了明显提升。没有进行人干细胞移植的对照组大鼠最后瘦骨嶙峋，患有严重糖尿病并发症，奄奄一息。

科学研究表明，异种干细胞移植也可以进行疾病治疗。将来，会不会出现非人源的异种干细胞药物用于人类疾病治疗？答案是肯定的。

植物干细胞药物

动物或人干细胞药物是直接用于移植的活细胞。植物干细胞不能直接进行移植治疗，不过活细胞可以口服或外用。植物干细胞药物可以是外用或口服的活细胞，也可以是活细胞产生的具有药理活性的次生代谢物质（secondary metabolite）。

所谓次生代谢物质，就是植物在生命活动过程中合成的非生命活动必需的小分子物质，具有适应环境、抵御昆虫侵袭、防止草食动物采食、防治病原微生物感染、有利于植物间竞争与进化等功能。主要分为:①黄酮类，如芦丁、陈皮苷、黄酮等；②单宁（又称鞣酸、鞣质）类，如没食子酸、焦性没食子酸、儿茶素（茶单宁、儿茶精）等；③苯丙素类，一般具有苯酚结构，属于酚类物质，如苯丙酸、香豆素、木脂素等；④醌类，如苯醌、菲醌、萘醌、蒽醌等；⑤萜类，如人参皂苷、青蒿素、紫杉醇等；⑥甾体及其苷类，如甾体皂苷、强心苷等；⑦生物碱类，如小檗碱、麻黄碱、咖啡碱、秋水仙碱、益母草碱、槟榔碱、茶碱、烟碱（尼古丁）、阿托品、吗啡等；⑧蛋白酶类，如超氧化物歧化酶（SOD）、菠萝蛋白酶、木瓜蛋白酶等。这些次生代谢物质被植物细胞合成出来后，储存在植物器官——根、茎、叶、花、果实、种子中。

不同植物器官储存的次生代谢物质种类不同。由于这些次生代谢物质具有不同药理活性，可以用作药物，进行疾病治疗。

在本质上，植物干细胞药物与化学药物一样，属于分子药物，不是细胞药物。动物或人干细胞药物则是属于细胞药物，活细胞及其分泌的生物活性物质发挥治疗作用。

成熟植物细胞可以合成次生代谢物质，如大量培养人参细胞可以生产人参皂苷、大量培养紫草细胞可以生产紫草素、大量培养红豆杉细胞可以生产紫杉醇等。人参皂苷是人参的活性成分，具有抑制肿瘤组织血管生成作用，可用于临床上肝癌、食管癌、前列腺癌、乳腺癌等疾病的治疗。紫草素具有抗癌、抗炎、抗菌作用，用于治疗肝炎、肝硬化等疾病。紫杉醇是一种优秀天然抗癌药物，用于治疗卵巢癌、乳腺癌、非小细胞肺癌等疾病。

大量培养用的细胞培养罐可以达到上万升规模，如烟草细胞最大培养规模是 1.5 万升，培养罐容积是 2 万升。

大量培养植物成熟细胞生产药物具有某些缺陷，包括成熟植物细胞增殖能力差、次生代谢物质合成效率低、种子细胞容易衰退等。利用植物干细胞大量培养生产药物能够克服这些缺陷。植物干细胞具有旺盛的分裂、增殖、分化能力，种子细胞不易老化，合成次生代谢物质效率高，药理活性好。大规模培养植物干细胞，可以显著提高植物次生代谢物质类药物的产量和质量。已在部分植物中应用，如大量培养人参干细胞生产人参皂苷。

组织工程医疗产品

利用组织工程技术和工艺生产的人类组织器官产品，可分为软组织、硬组织、实质器官等。软组织包括皮肤、角膜、血管、神经等；硬组织包括软骨、硬骨等；实质器官包括心脏、肝脏、肾脏、胰脏、肺脏、胃等。理论上，利用干细胞组织工程技术可以再生人体全部组织器官。不过目前阶段，有许多复杂组织器官还不能再生。已经上市或正在研发的组织工程医疗产品主要有皮肤、软骨、骨、角膜、心脏瓣膜、气管、肌腱、韧带、血管、神经、肌肉、骨髓、生殖道、尿道、肠道、乳房、心脏、肝脏、肾脏、胰脏、膀胱、手等。

组织工程皮肤

皮肤是人体最大器官，由表皮层和真皮层组成。表皮层位于皮肤表面，分为角质层和生发层。角质层细胞因不断摩擦耗损或衰老死亡后，脱落成为皮屑，由生发层细胞不断分裂形成角质层细胞进行补充。表皮层下面是真皮层，含有血管和神经组织。皮肤表面还有皮脂腺、汗腺、毛发、指（趾）甲等附属物。研究最早的组织工程医疗产品就是组织工程皮肤，主要用于临床皮肤移植治疗，如烧烫伤手术、整形美容手术、慢性皮肤溃疡手术等。

美国最先研制成功了组织工程皮肤，批准临床应用的组织工程皮肤产品主要有爱罗德姆（Alloderm）、茵特格若（Integra）、埃裴赛尔（Epicel）、埃普利若肤（Apligraf）、德莫格若肤（Dermagraft）等，其中埃普利若肤又称“格若肤斯茵（Graftskin）”。

AlloDerm 是一种商品化的脱细胞真皮基质。Integra 是具有真皮样三维结构的双层人工皮肤，表皮层为硅膜，真皮层为从牛跟腱提取的胶原与从鲨鱼软骨提取的 6- 硫酸软骨素交联而成的真皮垫。由于 Alloderm、Integra 不含活细胞，不属于组织工程皮肤，只是习惯上称为“组织工程皮肤”。

Epicel 为表皮替代物，由分离的患者自身角质形成细胞与鼠细胞共培养制成，是一种自体活细胞和异种活细胞混合生物制品。

Apligraf、Dermagraft 为真皮替代物，其中 Dermagraf 是采用新生儿包皮成纤维细胞种植在聚乳酸、聚羟基乙酸纤维网中，成纤维细胞大量分裂增殖并分泌胶原、纤连蛋白、蛋白聚糖及生长因子，形成由成纤维细胞、细胞外基质和可降解生物材料构成的人工真皮。Apligraft 是第一种商品化的既含有表皮层又含有真皮层的组织工程化皮肤，表皮层含有来自新生儿的角质形成细胞，真皮层含有来自新生儿包皮的成纤维细胞和牛胶原蛋白，已在加拿大和美国上市，用于临床移植治疗静脉性溃疡和糖尿病足部溃疡。Apligraft 因含有同种异体细胞和牛胶原蛋白，具有移植后发生免疫排斥反应风险和动物病毒感染风险，尽管如此，仍不失为一种优秀的组织皮肤产品。2002 年，Apligraf 的年销售额为 2 300 万美元，Dermagraft 的年销售额为 450 万美元。

组织工程皮肤价格不菲，高达 9.92~20.85 美元 / 平方厘米，这一价格远远高于捐献皮肤的 0.37~8.66 美元 / 平方厘米。组织工程皮肤可以大幅降低用药、换药和护理工作量，手术次数也明显减少，总治疗费用下降。由于这个原因，再加上生产能力有限，组织工程皮肤供不应求，价格呈上涨趋势。英国、法国、德国、意大利等欧洲国家也各自研发了自己的皮肤组织工程产品。

2007 年 11 月，国家食品药品监督管理局下发注册证书，批准中国第一个组织工程医疗产品“安体肤（ActivSkin）”上市。该产品含有两层活细胞，表皮层由人表皮细胞组成，真皮层由人成纤维细胞和牛胶原蛋白组成。在结构和活细胞成分上，与 Apligraf 类似，应属于同一代组织工程皮肤产品。为膜状物，厚薄均匀，有光泽，浅粉红色，具有一定拉伸性和柔韧性，可随意裁剪缝合。适应证为深 Ⅱ 度烧伤创面和不超过 20 平方厘米的 Ⅲ 度烧伤创面。由于面世较晚，综合性能略优于 Apligraf。

安体肤研发可谓十年磨一剑，花费 8 000 万元人民币，2008 年初批量生产，用于临床移植治疗。相比美国，同类产品研发周期是 18 年，科研经费投入 4.6 亿美元。中国每年烧伤及皮肤溃疡患者高达 1 500 万人，其中约 350 万人需要皮肤移植。皮肤需求量在 4 亿平方厘米以上。组织工程皮肤的大量生产和上市，可以缓解移植皮肤供应的紧张局面。

现有组织工程皮肤产品无法满足临床上治疗大面积烧伤需求，还存在一些缺陷。严重烧伤患者自身表皮干细胞数量不足，不能满足重建全身皮肤需要；同种异体或异种来源的表皮干细胞会发生免疫排斥反应，移植后无法与患者组织融合生长在一起；现有组织工程皮肤产品缺乏天然皮肤具有的附属结构，包括汗腺、皮脂腺、毛发和指（趾）甲，无法重建天然皮肤的完整生理功能。虽然有些科学家，通过用皮肤干细胞做种子重建皮肤组织，再生了汗腺、皮脂腺等结构，但是这些皮肤附属器官的生理功能有待长期检验。

批准上市或进行临床研究的组织工程皮肤

名称	适应证	制造商
Alloderm	烧伤、烫伤	Life Cell，美国
Integra	大面积Ⅲ度烧伤、烫伤	Integra Lifesciences Corporation，美国
Epicel	烧伤、烫伤	Genzyme Biosurgery，美国
TransCyte	Ⅱ度和Ⅲ度烧伤	Advanced Tissue Science，美国
Apligraf	慢性皮肤溃疡	Organogenesis，美国
Dermagraft	慢性皮肤溃疡	Advanced Tissue Sciences Inc.，美国 Smith and Nephew，英国
EpiDex	慢性皮肤溃疡	Euroderm，德国
Epibase	慢性皮肤溃疡	LaboratoiresGenévrier，法国
Myskin	慢性皮肤溃疡	CellTran，英国
OrCel	慢性皮肤溃疡	Ortec，美国
BioSeed-S	慢性皮肤溃疡	BioTissue Technologies，德国
Hyalograft 3D Laserskin	慢性皮肤溃疡	Fidia Advanced Biopolymers，意大利
安体肤（ActivSkin）	深Ⅱ度烧伤创面 不超过20平方厘米的Ⅲ度烧伤创面（直径小于5厘米）	陕西艾尔肤组织工程有限公司，中国

组织工程软骨和骨

相对成熟的组织工程医疗产品，除组织工程皮肤外，就是组织工程软骨和骨。

软骨不含血管和神经，是一种相对简单的人体组织，然而自身再生能力极差。组织工程软骨是利用组织工程技术在生物材料支架上培养自体或异体软骨细胞、干细胞等再生的人工软骨，属于天然软骨类似物。天然软骨主要分布于气管、关节面、鼻、肋、耳廓及椎间盘等处，由软骨细胞、基质和纤维组成，自身修复能力很低，大段软骨损伤不能修复。组织工程软骨虽与天然软骨具有差距，但可用于患者软骨损伤的移植治疗。

组织工程软骨起始于 1988 年，当时组织工程学创始人美国科学家约瑟夫 · 瓦坎蒂（Joseph Vacanti）等最先将聚乳酸（polylactic acid，PLA）和聚乙醇酸（polyglycolic acid，PGA）支架材料复合软骨细胞后植入裸鼠皮下，经 28 天老鼠体内培养后，发现有软骨样组织出现，从此组织工程软骨研究开始兴起。迄今美国、德国、意大利、比利时、斯洛文尼亚等国家都有产品被批准临床应用或者试验研究。

美国食品药品监督管理局 1997 年批准卡提赛尔（Carticel）临床应用，2016 年批准玛西（Maci）临床应用。两者都是自体软骨细胞产品，用于移植治疗软骨缺损。2017 年 5 月 11 日，据中国经济网报道，这两款软骨组织工程产品有望引入中国进行临床应用。

组织工程骨是利用组织工程技术在天然珊瑚、羟基磷灰石、磷酸钙等多孔性生物材料支架上培养成骨细胞、骨膜细胞及干细胞等再生的人工骨组织。

2001 年美国学者查尔斯·阿尔弗雷德·瓦坎蒂（Charles Alfred Vacanti）等最先利用自体骨膜成骨细胞与天然珊瑚复合构建骨组织，对 1 例 36 岁患者左手拇指的指骨进行再造手术治疗，术后患者拇指恢复正常长度及力量，能够完成日常工作和生活，10 个月后经组织学检测，表明有新生板状骨形成。意大利学者用扩增的自体骨髓基质干细胞与羟基磷灰石复合构建的组织工程骨成功修复了 3 例长骨缺损患者，使其骨功能获得恢复。法国基尔大学则报道了利用组织工程下颚骨成功修复了因患癌症切除的下颚骨。

从临床应用情况看，组织工程骨既有明显优势，也有一定缺陷。

优势

1. 节约了切取自体骨移植手术时间，减少了出血量、附加损伤和并发症的发生率。

2. 患者骨愈合能力和自体骨移植差不多，但存在异体细胞和支架材料会发生一定程度的免疫排斥反应，不过临床应用时不影响骨愈合。

缺陷

1. 需要研究微量免疫反应检测方法。

2. 尚未产业化生产，还只能从实验室到手术室应用。

3. 同种异体细胞的最终结局还需要长时间观察和深入研究。

组织工程心血管

组织工程心血管主要包括利用组织工程技术生产的血管和心脏瓣膜。

组织工程血管是利用组织工程技术在胶原、丝素蛋白、纤维蛋白、弹性蛋白、壳聚糖或甲壳素、脱细胞血管基质、聚乳酸、聚乙醇酸、聚己内酯、膨体聚四氟乙烯及涤纶等三维生物材料支架上培养血管祖细胞、血管内皮细胞、平滑肌细胞、成纤维细胞、骨髓间充质干细胞等再生的人工血管，分为自体血管、同种异体血管和异种血管。其为含活细胞的天然血管类似物，比不含活细胞的人工血管在结构和生理功能上更接近天然血管，具有更好的临床移植治疗效果。主要用于替代冠状动脉和其他血管，进行血管移植及搭桥手术。

美国和欧洲国家每年都要进行 72 万 ~88 万例冠状动脉搭桥手术。大约 30% 病例无法切取自体血管，只能采用人工合成的血管替代物。尽管这些替代物的 5 年血管通畅率最多只有 40%~50%，然而采用组织工程血管能够很好地解决这一难题。

国外研发的组织工程心血管产品

名称	适应证	研发机构
MyoCell	心肌梗死	BioHeart Inc，美国
Provacel	心肌梗死	Osiris Therapeutics，美国
成人骨髓衍生体细胞（hABM-SC）	心肌梗死	Neuronyx，美国
未命名	心肌梗死	Genzyme Biosurgery，美国 Myosix，法国
未命名	心肌梗死	Diacrin，美国
未命名	心肌梗死	法兰克福大学等多家机构，德国

心脏瓣膜是心脏内控制血液流动方向的闸门，起到防止血液倒流的关键作用。组织工程心脏瓣膜是利用组织工程技术在胶原、壳聚糖、纤维蛋白凝胶、聚乳酸、聚乙醇酸、聚乳酸 - 聚乙醇酸共聚物、聚羟基烷酯类、聚 4-羟基丁酸酯盐、脱细胞瓣膜及脱细胞心包等生物材料支架上培养脐带血内皮祖细胞、脐带内皮细胞、血管内皮细胞、成纤维细胞、平滑肌细胞及干细胞等种子细胞构建和再生的人工心脏瓣膜，分自体心脏瓣膜、同种异体心脏瓣膜和异种心脏瓣膜三种。其为天然心脏瓣膜类似物，具有重塑、生长和修复等生物特性，可以移植治疗各种心脏瓣膜损伤。

2002 年，德国科学家帕斯卡 · 多曼（Pascal Dohmen）将体外再生的组织工程心脏瓣膜植入患者手术后的肺动脉瓣，每隔 3 个月随访，经超声检测、核磁共振（nuclear magnetic resonance，NMR）和多层螺旋计算机断层扫描（computed tomograhy，CT）检查发现，植入的组织工程心脏瓣膜仅有少许中心性返流，返流程度也没有随时间加重。一年后再检查，组织工程心脏瓣膜功能良好，无钙化现象。

组织工程心脏瓣膜主要用于治疗心肌梗死、风湿性瓣膜病变、感染性心内膜炎、老年瓣膜退行性病变等各种心脏瓣膜病，能够克服仍在临床应用的机械瓣膜、生物瓣膜和冻存的同种瓣膜存在的各种缺陷，市场容量较大。

中国、美国、法国、德国、西班牙等国家都在开发组织工程血管和心脏瓣膜产品，目前大多数产品仍处于实验室或临床研究阶段。

组织工程角膜

据联合国世界卫生组织调查，角膜病是仅次于白内障的第二大致盲眼病，每年新增 150 万 ~200 万患者。角膜病主要有角膜烧伤、角膜溃疡、角膜白斑等，由外伤、感染、变性、自身免疫性疾病等原因引起。若角膜病严重或反复发作，需要手术去掉患病角膜，移植新角膜。中国有 100 万 ~500 万角膜盲患者，还在逐年增加，然而每年仅能进行 0.3 万 ~1 万例同种异体角膜移植，远远不能满足临床需要。

临床上角膜供体缺乏，可以用组织工程角膜代替天然角膜进行移植。组织工程角膜是利用组织工程技术生产的人工角膜。将种子细胞接种在生物材料支架上并与生长因子复合，进行构建和再生角膜组织。用于生产组织工程角膜的种子细胞包括角膜缘干细胞、角膜上皮细胞、角膜基质细胞、角膜内皮细胞、口腔黏膜上皮细胞、羊膜上皮细胞、自体骨髓间充质干细胞、自体造血干细胞、自体皮肤干细胞、胚胎干细胞、毛囊干细胞等，支架材料主要有羊膜、胶原、壳聚糖、脱细胞角膜基质、丝素蛋白、纤维蛋白、聚乳酸、聚乙醇酸、胶原和硫酸软骨素复合物、胶原和壳聚糖复合物、胶原和羊膜复合物、聚乳酸 - 羟基乙酸共聚物、聚甲基丙烯酸羟乙酯、甲基丙烯酸乙酯、聚甲基丙烯酸甲酯、陶瓷及聚四氟乙烯等，生长因子主要有角膜细胞生长因子、转化生长因子、表皮生长因子、碱性成纤维细胞生长因子等。生长因子可促进角膜细胞体外培养时的黏附、生长、增殖、迁移、分化、细胞间的正常融合以及与基质结合。

早在 1987 年，美国科学家朱迪斯 · 付伦德（Judith Friend）在体外培养角膜上皮细胞，进行眼表疾病的移植治疗。2007 年，日本东京大学的科学家利用人体干细胞成功培养出了一块直径 2 厘米的眼角膜和其他眼组织，可有效避免动物病毒感染风险。

组织工程角膜作为天然角膜替代物还有一些缺陷，如组织工程支架材料强度差以及组织工程角膜无曲率、无天然角膜固有的光学性能、移植后诱发免疫排斥反应等问题，目前还没有很好地解决。组织工程角膜仍然处于试验研究阶段，还没有批准临床应用。

生物人工肝

临床上可供移植的肝脏来源稀缺，严重限制了肝衰竭患者的移植治疗。这种情况下，生物人工肝成为天然肝脏替代物，用以延长患者生命周期，改善生活质量。

生物人工肝是一种具有天然肝脏解毒、代谢等生理功能的人工器官。通过在体外生物反应器中大量培养自体或异体肝细胞，并可与人体血液或血浆相互反应，起到解毒、代谢等类似肝脏生理功能的装置。主要由人工肝生物反应器、反应器内培养的大量肝细胞及培养液、反应器与人体血液循环系统的连接管道系统等组成。反应器内培养的肝细胞是生物人工肝发挥生理功能的关键，可以是原代肝细胞（兔肝细胞、猪肝细胞、山羊肝细胞及鼠肝细胞等）、永生化肝细胞（人肝细胞系 HHY41、NH25、C8-B、HepZ、OUMS-29 及 NKNT-3 等；肝肿瘤细胞系 HepG2、C3A、HuH6 及 JHH2-2 等），或由干细胞（胰腺干细胞、骨髓干细胞等）分化的肝细胞，其中自体来源的原代肝细胞最为理想，然而来源及数量受到很大限制。生物反应器可为其中培养的肝细胞提供稳定生长环境和营养支持，并为肝细胞发挥生理功能提供保护作用。可用于治疗急性肝衰竭、急慢性肝衰竭、

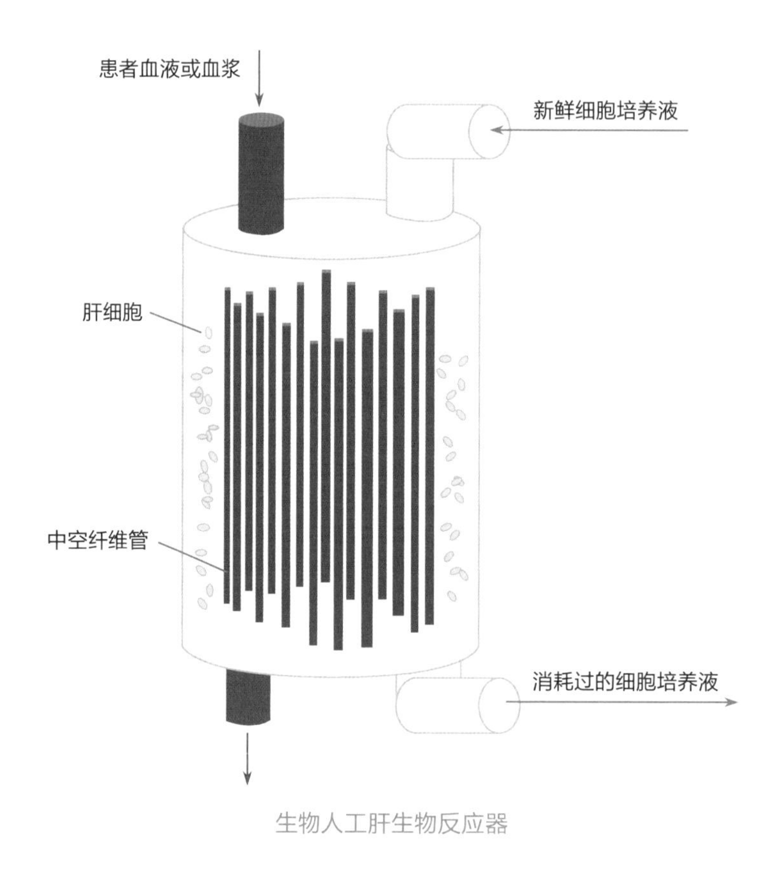

生物人工肝生物反应器

肝癌摘除肝脏等严重肝脏疾病，具有重要的临床研究和应用价值。

中国在生物人工肝领域的研究居国际领先水平。2019 年，四川大学华西医院与美国梅奥医学中心（Mayo clinic）签订了生物人工肝相关专利转让协议，是中国内地医疗机构向梅奥医学中心输出的首批专利。梅奥医学中心是美国医疗机构的领跑者，四川大学华西医院是中国综合实力雄厚的一流医疗机构，此次专利合作可谓是强强联手。

由于在理论上对干细胞诱导分化发育为组织器官的条件及其基因表达调控知之甚少，在材料设备上缺乏或没有适合人类组织器官重建的类型，在技术工艺上达不到复杂组织器官再生要求，致使迄今世界各国生产的组织工程医疗产品比较原始，与天然人类组织器官还有较大距离。然而，正是这些简陋的组织工程医疗产品，已经能够或多或少满足临床治疗需要。随着干细胞组织工程技术发展，未来会出现类似天然人类组织器官的产品。

护肤品

化妆品种类繁多，护肤品是其中非常重要的一类。干细胞具有抗衰老、抗炎症反应、抗氧化应激、损伤修复、免疫调理等生理功能，可制成各种护肤品，用于皮肤美容。干细胞护肤品，顾名思义，就是基于干细胞概念的护肤品，包括膏霜类、乳液类、化妆水类、面膜类等。干细胞护肤品，可分为人源性干细胞护肤品、动物源性干细胞护肤品、植物源性干细胞护肤品三大类。目前开发最多的是植物干细胞护肤品和人干细胞护肤品。

人源性干细胞护肤品

护肤品功效成分来自人自体干细胞或同种异体干细胞，但不含活细胞。人干细胞的功效成分存在于活细胞内，体外培养时会分泌到培养液中。从培养液和破碎活细胞中，可以分离提取这些功效成分，添加到各种护肤品中。

健康同种异体干细胞来源广，容易获取，更适宜制备护肤品。自体干细胞由于没有伦理争议、无免疫排斥反应、无外来病原体感染风险，从中提取的功效成分适宜自体护肤美容，可用于高端定制个性化护肤品，只是需要排除有遗传缺陷、病原体感染、衰老及死亡的干细胞。对于老年人，由于自身干细胞数量减少、质量下降，采集自身干细胞会导致免疫功能降低及其他健康问题，最好采用来源于年轻供者的干细胞护肤品。

人源性干细胞护肤品的功效成分主要来自干细胞提取物及分泌物。人干细胞在生长发育过程中，会向培养液中分泌一些细胞因子，如干细胞生长因子、表皮生长因子、成纤维细胞生长因子、类胰岛素样生长因子、转化生长因子、白细胞介素等。这些细胞因子会促进皮肤细胞的生长发育，替换衰老死亡的皮肤细胞，修复皮肤组织损伤，使人皮肤年轻化。人干细胞提取物具有多种活性成分，如生长因子（表皮生长因子、成纤维细胞生长因子、干细胞生长因子等）、酶（水解酶、活化酶等）、白细胞介素等，具有促进皮肤更新、抗炎症、抗氧化等作用。

用于制备护肤品的人源性干细胞必须是来源清楚的健康细胞，并与供者签署知情同意书，以避免产权纠纷和伦理争议。

一些企业、科研机构、高校开发了具有自主知识产权的人源性干细胞护肤品，经动物试验和志愿人群试用，护肤效果良好，没有出现不良反应。有些人源性干细胞护肤品已经上市，如韩国开发的人脐带血干细胞面膜等。中国也有不少单位开发了各种人源性干细胞护肤品，供职工试用，或作为礼品送给客户试用，但都没有正式上市销售。

动物源性干细胞护肤品

有些动物干细胞功效成分可以用于制备人护肤品。1931 年，瑞士著名医学教授保罗 · 尼翰（Paul Niehans）从小羊胚胎中提取活细胞，注射到一位生命垂危的在手术中甲状旁腺受损的患者体内，成功挽救了患者生命，使其继续生活了 31 年。直到 1962 年，患者去世，享年 89 岁。

尼翰诞生于 1882 年，出身医学世家，父亲是知名外科医生。受家庭环境影响，早年学习神学的尼翰改学医学，曾参加第一次世界大战。作为战地医生，积累了丰富临床经验。作为羊胎素活化疗法创始人，由于在小羊胚胎活细胞移植治疗方面取得了一些成绩，1955 年被罗马教皇授封梵蒂冈科学院院士。

鉴于小羊胚胎组织富含各种干细胞，这种使用动物活细胞的移植治疗方法，是一种异种干细胞疗法。

羊胎素就是从小羊胚胎组织中提取出的羊胎盘素和羊胚胎素，具有美容护肤效果，使人看起来更加年轻，深受女性欢迎。

羊胎素的活性成分主要有免疫球蛋白、延缓衰老因子、超氧化物歧化酶（superoxide dismutase，SOD）、干扰素、转移因子（transfer factor，TF）、羊膜酸、胶原蛋白、核酸、卵磷脂、脑磷脂、脂多糖、多种氨基酸、有机磷复合物、维生素、微量元素等。羊胎素中蛋白质含量在 80% 以上。

羊胎素最好从 2~3 月龄羊胚胎中提取。羊从受精卵发育到小羊娩出，大约需要 5 个月的时间。2~3 月龄羊胚胎组织中含有丰富的胚胎干细胞和各种成体干细胞，这些活细胞中含有大量抗衰老和促进皮肤年轻化的功效成分。

羊胎素制成的护肤品包括护肤霜、爽肤水、精华素等，属于高档护肤品。不过有些人群不适合使用羊胎素，如对动物蛋白过敏者、甲状腺功能亢进患者、严重高血压患者、肿瘤患者、孕期妇女等。

与人源性干细胞护肤品相比，动物源性干细胞护肤品具有更多风险。首先是，感染动物病毒风险。一些动物病毒能引起严重传染性疾病，人体由于缺乏对这些病毒的免疫能力，很容易感染发病。其次是，免疫排斥风险。动物细胞成分对人体具有较强免疫原性，与人体接触后，很容易引起免疫排斥反应。最后是，其他风险，如动物细胞产品不如人细胞产品与人体组织生物亲和性好。这些风险，在一定程度上限制了动物源性干细胞护肤品研发。

植物源性干细胞护肤品

与动物源性干细胞护肤品相比，植物源性干细胞护肤品具有许多优势：一是，植物与人亲缘关系较远，植物病毒不感染人类，没有病毒感染风险；二是，植物干细胞只是外用，不像动物干细胞那样可以进行活细胞注射移植，因而更加安全；三是，植物干细胞来源广泛，比动物干细胞更容易分离、培养、扩增，这使植物源性干细胞护肤品成本低，具有价格优势。

植物干细胞比人和动物干细胞发现晚，植物干细胞概念也是受到人干细胞概念启发，然而这并不妨碍植物源性干细胞护肤品是迄今开发最成功的干细胞护肤品，尤其是瑞士米贝尔（Mibelle）生物化学研究所弗雷德·扎里（Fred Zülli）博士研发的苹果干细胞护肤品。

据报道，从具有 300 多年历史的一种瑞士苹果树中提取的植物干细胞，可刺激人表皮干细胞增殖分化，使人皮肤看起来更加细腻、柔嫩、紧致、富有弹性和健康光泽。

人的皮肤组织中，主要有两种干细胞：一种是表皮干细胞，存在于表皮基底层，占皮肤细胞 2%~7%；另一种是真皮干细胞，存在于真皮乳突。体外实验表明，0.1% 含苹果干细胞提取物刺激人类干细胞增殖80%。健康志愿者涂敷含 2% 苹果干细胞提取物的膏霜，皱纹深度减少了8%~15%。

多年来，不少国家和地区开发了植物干细胞护肤品。意大利生物技术研究所，从高山火绒草（又称“雪绒花”，*Leontopodiumalpinum*）中获取含植物干细胞成分提取物。该研究所称，该提取物具有强抗氧化活性、抗胶原酶活性、抗透明质酸酶活性，可以保护肌肤中重要大分子降解。法国也研发了干细胞的护肤品，有一款干细胞面霜，据称可以“帮助恢复干细胞潜能，使肌肤年轻化”。此外，日本、韩国、俄罗斯、中国台湾等国家和地区都研发了自己的干细胞护肤品，品种多样，可规模化生产。

迄今为止，瑞士人发明的苹果干细胞护肤品是最成功的植物干细胞产品之一，曾风靡全球。仔细分析成功的奥秘，主要有两方面：一是，一个古老而美丽的故事；二是，名人效应。

层峦叠嶂的阿尔卑斯山（The Alps）是欧洲最高山脉，雄伟险峻，风光旖旎，动物资源丰富，植物种类繁多。山区生长着一种极其稀有珍贵的古老苹果树——尤思树（Uttwiler Spatlauber），据说有 300 多年历史，全世界仅剩下 20 棵，都在瑞士。这种苹果树虽然古老，但结的果子由于富含单宁，口感极差，酸溜溜的，没有什么经济价值，当地人都不愿意种植。然而，这种树的神奇之处在于，无论是树皮还是未采摘的果子，一旦受到损伤，就会启动自我修复机制，伤口很快愈合。更加神奇的是，果实尽管酸涩，但是非常耐储藏，能够保鲜 4~6 个月，显得特别与众不同。

从这种古老而神奇的苹果树果实中，扎里博士成功提取了一种植物干细胞，制成护肤品后，接连获得几个国内国际大奖。美国版时尚杂志《服饰与美容》（*Vogue*）进行了大幅报道，对这种植物干细胞产品大加赞美，并赋予神秘色彩。

于是，植物干细胞开始引起了企业界和科学界日益重视。值得注意的是，绝大部分植物源性干细胞护肤品都不含有活性干细胞。因为干细胞存活需要相当苛刻的环境条件，如各种养分、生长因子、溶解氧以及适宜的温度、pH、渗透压等，在生产、运输、储存过程中，要满足这些条件，成本过于高昂，甚至难以实现。

植物源性干细胞护肤品，主要还是借助干细胞概念进行商业营销，有的根本不含干细胞成分，只是研发企业声称具有促进自体皮肤干细胞再生作用。但是，这并不否认有些品牌的干细胞护肤品，真正具有促进自体皮肤干细胞再生、使皮肤年轻化的功效。

干细胞护肤品困局

迄今，国内还没有干细胞护肤品被批准上市，这是干细胞护肤品面临的最大困局。主要原因在于，跟干细胞护肤品相关的标准、规范、法规、政策等还没有建立起来，只是个别企业、行业协会制定了自己的标准。在国家层面，缺乏干细胞护肤品相关监督管理依据。

2016 年 1 月 23 日，中国整形美容协会抗衰老分会，在北京颁布了《医学抗衰老行业规范化指南》，其中包括《干细胞抗衰老技术规范化指南》。在抗衰老治疗时，一定要在有资质的正规医疗机构进行，遵守《干细胞抗衰老技术规范化指南》。患者要充分了解干细胞抗衰老技术的操作流程、治疗效果、并发症和存在的风险，谨防美容医疗机构对干细胞技术夸大宣传。

迄今，用于患者移植治疗的干细胞主要来自人体组织。植物干细胞虽然不能用于临床移植治疗，但是某些种类的植物干细胞，如苹果干细胞、雪绒花干细胞、雪莲干细胞、海茴香干细胞、滨海刺芹干细胞等，被有些科技企业用于面膜、面霜、精华素等护肤品制备，通过人体外部使用，进行抗衰老、美容。

2019 年 4 月 30 日，国家药品监督管理局综合司发布通知（药监综妆〔2019〕39 号），决定从 2019 年 5 月 30 日至 8 月 31 日，开展化妆品“线上净网线下清源”风险排查处置工作，工作重点包括排查清理违规产品及信息，药妆、EGF（表皮生长因子）、干细胞、细胞提取液、胎盘提取液等产品信息被列入排查对象。一些公司生产的干细胞护肤品从网站和实体店下架，相关网络信息被清理。标志着国家继整顿规范干细胞治疗后，又开始整顿规范干细胞护肤品的生产和上市。干细胞护肤品如何发展，还需要耐心等待国家相关政策出台。

由于干细胞护肤品属于新兴技术领域，国家监督管理政策没有前车之鉴。面对新生事物，国家制定监督管理政策，需要一个较为长期的研究论证过程。干细胞护肤品暂时面临的困局，随着将来国家新监督管理政策出台，会出现突破。

干细胞虽然发现于 19 世纪后半叶，但由于系统地研究应用较晚，不少人还比较陌生。干细胞产品研发门槛高，又受到各国政府严格监管，总体进展还不够快。主要原因是：一方面，原先基础研究比较薄弱，需要大量进行补课；另一方面，各国政府对干细胞研究应用的监督管理政策有一个逐渐认识的过程，需要耐心等待。相信随着各国政府对干细胞监督管理政策的成熟，未来会有越来越多的各种干细胞产品问世，改善人类生活质量。

未来展望

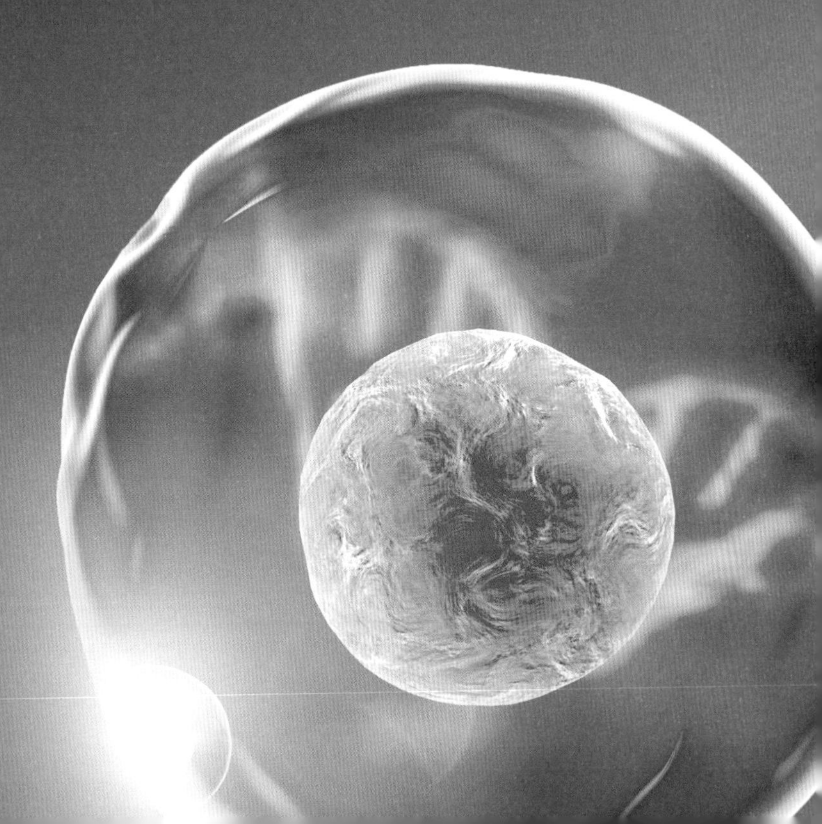

近年来干细胞才得到科学家和各国政府的重视，迄今仅有少数近乎“奢侈品”的干细胞药物、组织工程医疗产品、化妆品上市。更多神奇美好的产品还在科学家脑海里酝酿，或已经开始在实验室里研发，或正在进行临床试验。

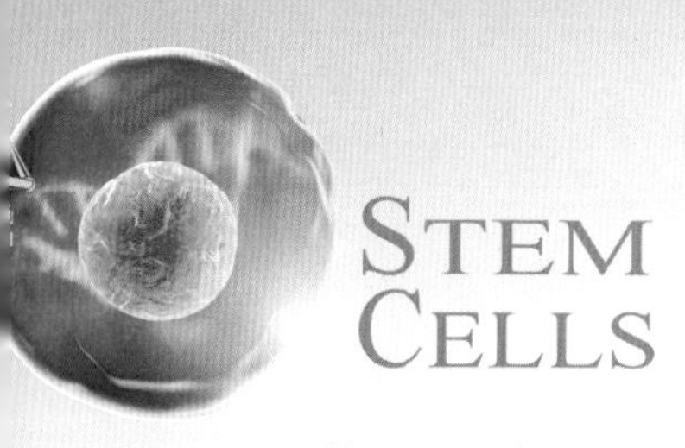

人干细胞

发现最早、应用最早的干细胞就是人干细胞，由于是在细胞或组织水平上进行修复、替代或再生，而不是传统西药中药在分子水平上进行调理，因此具有无可替代的医学和药学价值，能够治愈某些重大疑难疾病。目前，市面上一些所谓人工组织器官、工程化组织器官，还不具有天然人体组织器官的结构功能，移植治疗效果大打折扣。数年后将会出现完全仿生的人工组织器官，与人体天然组织器官在结构功能上没有本质区别，可以完美地修复损伤或机能障碍的人体组织器官，达到治愈疾病目的。

天然的干细胞组织器官

目前用于临床移植治疗的工程化组织器官还十分原始，有些徒有其形，没有天然组织器官的结构功能。

天然皮肤具有表皮层和真皮层，前者表面有皮脂腺、汗腺、毛发、指（趾）甲等附属物，后者有血管和神经。许多已有人工皮肤不含活细胞，只是生物材料制成的皮肤替代物，如用壳聚糖或甲壳素制成的人工皮肤，实质是一种人工辅料，尽管具有保护伤口、促进伤口愈合、防止细菌感染等作用。再如美国食品药品监督管理局批准的爱罗德姆（AlloDerm）和茵特格若（Integra）两种人工皮肤，都不含活细胞，实质也是人工辅料。AlloDerm是一种商品化的脱细胞真皮基质。Integra 是具有真皮样三维结构的双层人工辅料。虽然美国食品药品监督管理局批准的组织工程皮肤产品埃普利若肤（Apligraf）、德莫格若肤（Dermagraft）和中国原国家食品药品监督管理局批准的组织工程皮肤产品安体肤（ActivSkin）都含有活细胞，但是不含血管、神经，也没有皮脂腺、汗腺等皮肤附属物。正是天然皮肤结构的复杂性，决定了其生理功能的多样性，包括呼吸、分泌、排泄、感觉、调节体温、防御病原体侵袭和感染等功能。若是工程化组织器官缺乏天然组织器官的结构，其移植治疗效果必然大打折扣。

除组织工程皮肤外，组织工程角膜、血管、心脏瓣膜、软骨、骨等产品，都面临同样尴尬的局面，难以准确复制天然组织器官的结构功能。

随着仿生学、发育生物学、干细胞定向诱导分化技术、组织工程技术等领域的突破和医学进步，可以利用干细胞在患者体内或体外再生具有天然结构功能的人体组织器官，进行患病组织器官再生或体外重建后移植治疗。软骨、骨、神经、肌肉、脂肪、角膜等简单组织，都可以在体外或体内原位再生。复杂的实质器官，如心脏、肝脏、肺脏、肾脏、胰脏等，也都可以在体外重建或体内原位再生。在体外重建的实质器官，具有类似天然器官的结构功能。

理论上，对于实质器官功能衰竭的患者，可以像更换汽车零件一样移植工程化器官。甚至，患者若对自身容貌和形体不满意，都可以进行重新塑造，直到满意。

虽然目前这些都还只是幻想，然而在科学逻辑上，是可以实现的。只要科学永不停息地发展，即使最终不能全部实现，也能大部分实现。

自体及同种异体干细胞外泌体药物

外泌体（exosome）是一种由活细胞分泌的双层膜性囊泡，直径为30~150纳米，几乎存在于所有组织、细胞间隙以及血液、唾液、尿液、母乳等体液中。含有种类繁多的蛋白质、核糖核酸、脂质等活性成分，具有传递细胞间信号、清除细胞内“垃圾”、调节细胞功能、参与免疫反应等作用。间充质干细胞是迄今发现的分泌外泌体能力最强的细胞。

临床研究表明，间充质干细胞移植后，发挥治疗作用的方式主要有两种：第一，在细胞水平上，间充质干细胞在患病组织器官微环境诱导下，增殖分化为患病组织器官的细胞，进行损伤修复；第二，在分子水平上，间充质干细胞通过内分泌、旁分泌、远程分泌作用，可释放数百种具有治疗作用的细胞因子。

间充质干细胞直接参与的修复作用，不仅疗效慢，而且对许多疾病治疗，由于移植途径、方法等原因，移植后外源干细胞在宿主体内大部分会发生凋亡死亡，能够存活下来的细胞仅是少数，直接治疗作用有限。间充质干细胞通过分泌细胞因子间接参与的治疗作用，疗效快，而且即使凋亡死亡的干细胞，在移植后到凋亡死亡前的时间，也可以分泌各种具有治疗作用的细胞因子，保证了治疗效果。

有研究团队利用羊膜间充质干细胞治疗大鼠糖尿病的试验结果表明，通过腹腔、尾静脉、肝门静脉途径注射干细胞后，次日糖尿病大鼠血糖都恢复正常水平。通过胰脏病理切片分析，糖尿病大鼠的胰岛组织并没有恢复正常，说明还是间充质干细胞分泌的细胞因子，发挥了主要治疗作用。

在外泌体中发现的数百种蛋白质中，与治疗作用相关的包括表面受体（PDGFRB、EGFR、PLAUR）、信号分子（RRAS/NRAS、MAPK1、

GNA13/GNA12、CDC42 和 VAV2)、黏附分子(FN1、EZR、IQGAP1、CD47、LGALS1/LGALS3、整合素)、多种细胞因子、间充质干细胞相关表面抗原等。

直接利用外泌体治疗比移植间充质干细胞治疗具有优越性。临床移植治疗中使用间充质干细胞必须是活细胞，分离提取、纯化、培养、传代、扩增、冻存、运输、移植等要求严格，成本高。且在体外条件下，经多次传代后，间充质干细胞易衰老、分化。从间充质干细胞分离的外泌体就不存在这个问题，制成制剂后很稳定，冻存、运输、注射等要求相对简单。对某些疾病的治疗，如风湿性关节炎、类风湿关节炎、系统性红斑狼疮、糖尿病等自身免疫性疾病，用外泌体代替间充质干细胞治疗，可以起到操作简单，降低成本的作用。

现在，许多制药企业和研究机构，都在研究试验外泌体药物。有望未来数年至数十年内，干细胞来源的外泌体药物应用于临床治疗。

自体及同种异体胚胎干细胞药物

人胚胎干细胞是所有干细胞中增殖分化能力最强的干细胞，能够发育分化为任何组织器官的细胞。然而人胚胎干细胞研究应用有伦理限制，需要遵守“14 天规则”，即只能对从受精卵发育第 14 天前的胚胎进行操作。迄今科学界严格遵守着这一规定。

2020 年 8 月 25 日，以“embryonic stem cell(胚胎干细胞)”查询美国国家医学图书馆管理、国立卫生研究院(NIH)运营的临床试验注册网站“https://clinicaltrials.gov”，共发现 36 项人胚胎干细胞临床试验研究，其中已完成 7 项，治疗的疾病包括缺血性心脏病（1 项，法国）、青少年黄斑营养不良或病变(又称“stargardt 病”,为一种常染色体隐性遗传病。2 项，英国;2 项，美国）、老年黄斑变性（1 项，美国）、干性老年黄斑退化（1 项，美国）等。

首都医科大学附属北京同仁医院、中国科学院动物研究所等单位，也在进行胚胎干细胞临床试验研究。人胚胎干细胞主要来源于人工辅助生殖中自愿捐献的多余的 14 天前的胚胎。

胚胎干细胞能够增殖分化为人体 200 多种细胞，可以在体外培养长达数个月，使其在临床移植治疗方面具有巨大优越性。作为干细胞界的黑马，迟早会受到科学家们重视，也会有越来越多的人从事胚胎干细胞移植治疗研究。迄今世界上仍没有人胚胎干细胞药物被批准上市。

脱分化体细胞药物

干细胞是未分化的幼稚细胞，经一定条件诱导后，分化发育为成熟体细胞，执行具体生理功能。这是通常的分化发育方向。然而成熟体细胞能不能脱分化（逆向分化）为干细胞呢？答案是肯定的。在人、动物、植物组织器官损伤再生过程中，普遍存在成熟体细胞脱分化为干细胞现象。这无疑扩大了干细胞来源，为自体干细胞移植开辟了新途径。

自体干细胞移植治疗具有无伦理争议、无免疫排斥反应等优势。不过也有局限性：①干细胞在人体内数量稀少，临床治疗必须移植足够数量的干细胞才有治疗效果;②从患者体内过多分离提取干细胞，会降低患者免疫力;③大龄患者体内干细胞数量本来就少，有些可能无法分离足够数量的干细胞供临床移植治疗。有鉴于此，如果从患者体内分离成熟体细胞，经体外诱导变成干细胞，不仅不影响患者免疫力，还能获得足够数量干细胞，起到“一举两得”效果。

这是今后干细胞药物发展的重要方向。未来数十年，市场上可能出现由成熟体细胞脱分化为干细胞制成的细胞药物。现在暂且将这种药物称为“脱分化体细胞”。本质上，这种药物和干细胞药物类似。

神奇的干细胞凝胶

科学家研发了一种智能水凝胶（hydrogel）——温度敏感凝胶，在室温环境中呈液态，注射到人体内后会发生相变，由液态变为固态。这种神奇的相变，颠覆了人们认知和想象。因为一般情况是，温度逐渐降低引起凝固，温度逐渐升高引起融化。譬如，在常温常压下，水的凝固点（冰点）是0℃，当水逐渐降温到0℃以下时开始凝固结冰，而逐渐升温到0℃以上时，冰开始融化成水。

治疗用的温度敏感凝胶必须使用对人体无毒的可降解性生物材料制成，如壳聚糖、胶原、透明质酸、纤维素等。有毒材料，不能用。无毒可降解的温度敏感凝胶，在临床上具有特殊用途，如温度敏感凝胶防黏连剂。腹腔或盆腔手术后，为了防止肠子、脏器相互黏连，使用这种在温室下呈液态、在人体内呈固态的温度敏感凝胶防黏连剂，能起到更好的手术效果。

温度敏感凝胶可以用作原位组织工程治疗的支架。将治疗用的干细胞种子、生长因子等与温度敏感凝胶按一定比例混合，然后注射移植到缺失组织器官内，再生缺失的组织器官或修复替换患病的组织器官。当液态的干细胞种子、生长因子等的凝胶混合物注射到人体内后，凝胶开始凝固，变为干细胞增殖、分化、生长、迁移的支架，诱导缺失的组织器官再生。在组织器官再生过程中或完成后，凝胶支架逐渐被人体细胞分泌的水解酶降解，作为细胞养料被吸收。

这种干细胞凝胶已经在实验室里研究，不过目前遇到两个难题：一是，组织器官再生速率和降解吸收速率不一致。或者组织器官还没有完成再生，凝胶已经完成降解，起不到支架作用；或者组织器官再生完成，凝胶还没有完全降解，成为体内诱发炎症的异物。二是，在人体内发生相变的时间不理想。当干细胞种子、生长因子等凝胶混合物注射到人体内后，如果发生凝固时间较长，干细胞种子、生长因子、凝胶等就会发生扩散，导致治疗失败。如果发生凝固时间极短，不利于再生组织器官塑形。假以时日，这些难题一定会被科学家攻克。

未来数年至数十年，这种神奇的干细胞温度敏感凝胶会被临床应用，用于缺损组织器官再生修复，或者患病组织器官再生替换。与工程化组织器官移植治疗相比，这种原位组织器官再生或修复替换，显然治疗费用更低，治疗效果更好。患者也避免了手术创伤造成的痛苦。

动物干细胞

动物干细胞发现研究晚于人干细胞，却早于植物干细胞，但明显不如人干细胞、植物干细胞研究应用成果突出。动物干细胞研究应用处于十分尴尬的地位，主要扮演在实验室里动物试验角色。不过这种局面是暂时的，动物干细胞将在许多重要领域大显身手。

异种胚胎干细胞药物

动物干细胞用于人类患者移植治疗时属于异种干细胞。动物胚胎干细胞药物称为异种胚胎干细胞药物。

动物源性胚胎干细胞比人源性胚胎干细胞在某些方面具有优势。首先，动物胚胎没有人胚胎的伦理限制，可以分离提取胚胎发育任何时期的干细胞，便于从中筛选最佳胚胎干细胞，用于临床移植治疗。其次，动物胚胎干细胞种类丰富，可从羊、猪、牛、驴、鸡、鱼等动物中分离提取胚胎干细胞，从中筛选治疗效果最好的进行移植。由于这些动物本来就是人类传统食物来源，用它们的胚胎干细胞进行移植治疗，患者心理上也能够接受。

动物胚胎干细胞早已在临床实践中应用。1931 年，瑞士医生保罗 · 尼翰（Paul Niehans）就从小羊胚胎中分离活细胞，用于临床移植治疗甲状旁腺受损患者，成功挽救了患者生命。

动物种类的多样性，决定了动物胚胎干细胞种类的多样性。动物胚胎干细胞资源是一种重要的干细胞资源，从中可以筛选多种多样的干细胞药物。这些动物胚胎干细胞药物，可以用于人类许多重大疾病的移植治疗。有必要在世界范围内建设一些动物胚胎干细胞资源库，不仅可以从中筛选动物胚胎干细胞药物，还可以保存动物遗传种质资源，尤其是濒危珍稀的国家级保护动物。

在推进开发应用动物胚胎干细胞药物同时，也要注意动物源性活细胞制剂的某些不足：一是，动物病毒感染风险，特别是来自哺乳动物的病毒，有时会导致危险的人畜共患病。一些低等动物病毒，如昆虫病毒，反而安全，不感染人。二是，动物细胞免疫原性比人细胞更强，移植后更容易发生免疫排斥反应。三是，由于动物细胞基因比异体人细胞基因差异更大，动物胚胎干细胞移植后会很难和人组织融合生长在一起。

不过若从挽救生命角度出发，利用动物胚胎干细胞移植治疗也不是不可以。未来数十年内，会有动物胚胎干细胞药物批准上市，用于移植治疗人类某些重大疾病。

美味的干细胞肉

肉是餐桌上的硬菜，几乎人人爱吃的美味。肥肉属于脂肪组织，成分是像石油一样贮存能源的脂肪，通过分解代谢释放出来，作为生命活动能量来源。瘦肉属于肌肉组织，成分是蛋白质，是人体重要的结构和功能物质。蛋白质或多肽（小分子蛋白质）的主要生理功能，包括运动（由骨骼肌收缩、舒张完成）、消化（如各种蛋白酶催化食物分解）、防御（如免疫球蛋白、抗体、干扰素等抵御病原体入侵）、运输（如血红蛋白运输氧气和二氧化碳）、生命活动调节（如生长因子促进生长）、保温（如角蛋白构成的体毛）等。蛋白质和脂肪是人体重要的营养物质，每天都要摄入。

肉类主要来自家畜、家禽和水生动物鱼、虾、蟹等。野生动物生存环境恶劣，活动量大，时常处于饥饿状态，肉质紧实，脂肪含量低。家养动物生存环境舒适，活动量小，食物来源充足，肉质疏松，脂肪含量高。人们生活水平提高后，开始追求高蛋白低脂肪饮食。但是，不建议捕食野生动物，因为一方面，破坏生态环境，另一方面，有动物病原体感染风险。

那么，怎样增加肉类来源，丰富人类的味蕾呢?

干细胞科技可以助一臂之力。肥肉的脂肪组织由脂肪细胞构成。瘦肉的肌肉组织由肌肉细胞构成。动物由小到大，不断从外界环境中摄取各种营养物质，体内不同种类的干细胞增殖分化，持续形成脂肪组织和肌肉组织。随着动物不断长大，体内干细胞数量越来越少，生长速度逐渐减慢，甚至停滞。若是饲养的肉食动物，生长到一定大小后就可以送到屠宰场了。从肉类自然生长过程中，不难受到启发，利用干细胞生产人造肉。

在体外生物反应器——细胞大规模或高密度培养装置中，模拟动物体内温度、pH 值、营养物质等环境条件，大量培养肌肉干细胞，或脂肪干细胞，或脂肪干细胞、肌肉干细胞混合物，从而规模化生产食用肉类。可以大量培养各种动物干细胞，生产不同种类的肉，如猪、牛、羊、鸡、鱼、昆虫等。而且，可以通过调节肌肉干细胞、脂肪干细胞比例，生产不同肥肉含量的五花肉。混合不同种类的动物干细胞，如猪肉干细胞、牛肉干细胞、羊肉干细胞、驴肉干细胞等，可以生产同时具有多种动物肉风味的人造肉。也可以培养动物胚胎干细胞，再诱导分化形成肌肉组织和脂肪组织，生产人造肉。

人造肉没有病毒、细菌和其他病原体。因为所用生物反应器、培养液及所有添加物，都经过了消毒灭菌，所用动物干细胞种子也是经过严格检疫的健康细胞。整个人造肉培养生产过程，都是在无菌条件下进行的。这样生产出来的人造肉，比生吃的瓜果蔬菜还要干净卫生。可以作为高级刺身直接生吃，或蘸着调料吃。

不过这种干细胞生产的人造肉，生产成本太高，身价昂贵，也许只有富豪或高档宴席才能消费得起。然而，人类餐桌上毕竟增加了一种选择。一种来自干细胞的世间美味，对人类悠久的饮食文化而言，将具有里程碑式的重要意义。

未来数十年内，珍贵的干细胞肉将有希望端上人类餐桌，成为酒席上的明星菜。

喷香的干细胞血豆腐

血豆腐是形状、口感类似豆腐的动物血液制品，含蛋白质、维生素、微量元素高，脂肪低，具有补血、增强免疫力等功效。主要由猪血、鸡血、鸭血、鹅血、羊血、驴血等制成，其中鸭血是制作重庆特色菜毛血旺的主要原料。

毛血旺这道菜，许多人喜欢吃，越吃越上瘾。然而，一方面制作血豆腐需要宰杀家禽家畜，会污染环境，另一方面动物血液制品可能会含有病毒或其他病原体，在获取食材或烹饪过程中有传染疾病风险。如果有其他途径获取血豆腐，将有益于环境保护和食品卫生。

血豆腐的主要成分是血细胞和血浆。血浆主要成分是水、无机盐、纤维蛋白原、白蛋白、球蛋白、激素、酶、各种营养物质、代谢产物等，其中含量最高的是水，其次是蛋白质。血细胞主要是红细胞、白细胞、血小板，其中含量最多的是红细胞，其他细胞含量极少。由于红细胞含有珠蛋白和血红素构成的血红蛋白，血液才呈现红色。造血干细胞能够分化为所有血细胞，各种血细胞能够合成和分泌血浆成分。

通过在生物反应器中添加培养液和生长因子等其他必要成分，接种动物造血干细胞种子，调整生物反应器参数，使造血干细胞不断分裂、增殖、分化，形成各种血细胞，各种血细胞持续分泌血浆成分，形成血液。血液凝固后，可制成血豆腐。想吃哪种动物的血豆腐，就用哪种动物的造血干细胞培养制备，十分方便。不需要宰杀饲养动物，不污染环境，也没有动物病原体感染风险。

这种干细胞血豆腐无疑是一种绿色健康食品，可以直接生吃。由于生产周期比活体动物生长周期短得多，口感会更嫩，味道更鲜美。

未来数十年内，会有干细胞血豆腐制品上市。一开始价格可能会较贵，不过随着生产工艺日益成熟和产量增大，价格会逐渐下降，进入寻常百姓家的餐桌也不是没有可能。

高强度的干细胞纤维

家蚕吐的丝可以制成精美的丝绸服饰，如衣服、被褥、领带、袜子等。

中国古代劳动人民就已经掌握了种桑养蚕纺丝技术。西汉时，汉武帝派张骞自首都长安（今陕西省西安市）出使西域，将丝绸、瓷器、茶叶等中国土特产远销国外，换回珠宝、香料、皮革等。由蚕丝纺成的丝绸早已是中国的一张靓丽国际名片。

蚕丝的本质是家蚕丝腺细胞分泌的蚕丝蛋白，为动物纤维。比蚕丝更为神奇的是蜘蛛丝，为蜘蛛丝腺细胞分泌的蛛丝蛋白。这种动物纤维的强度远远超过了相同粗细的钢筋，在已知生物纤维中强度最高，没有之一，用于制作防弹背心。

蜘蛛丝包括至少六种不同用途的纤维，用以精细地构建蜘蛛网。大壶状腺丝，由大壶状腺分泌；小壶状腺丝，由小壶状腺分泌；鞭状腺丝，由鞭状腺分泌；聚状腺丝，由聚状腺分泌；葡萄状腺丝，由葡萄状腺分泌；管状腺丝，由管状腺分泌。蜘蛛丝之所以被称为生物钢材，与其结构有很大关系。蜘蛛丝的主要成分是甘氨酸、丙氨酸，并含有少量丝氨酸。看起来又细又软的蜘蛛丝，却具有优秀的弹性和强度。这得益于蜘蛛丝兼有不规则的蛋白质分子链和规则的蛋白质分子链，前者使蜘蛛丝具有弹性，后者使蜘蛛丝具有强度。

然而，蜘蛛丝这种优秀的动物源天然纤维，主要来源于蜘蛛网，产量极其有限，根本无法满足实际需要。

从蜘蛛中分离提取丝腺干细胞，在体外生物反应器中大规模培养扩增，使之分化形成各种丝腺细胞，产生不同蛛丝蛋白，可以解决天然蛛丝蛋白来源匮乏问题。使蜘蛛丝不仅用于国防工业生产防弹背心，也可用于纺织制作服装鞋帽和各种高档饰物，如蛛丝领带、蛛丝蝴蝶结、蛛丝香囊等，不仅美观，而且耐用。

未来数十年，会有蜘蛛丝制成的各种名贵服饰上市，届时将会引爆服装新时尚。

异种干细胞外泌体药物

分离纯化动物干细胞外泌体用于人类疾病治疗，可为新药研发开辟新思路。

这种异体干细胞外泌体药物，具有一些优势：第一，动物种类繁多，新物种也不断出现，含有的干细胞种类数不胜数，为筛选合适的异种干细胞外泌体药物提供了极大可能性。事实上，动物源性药物早已用于人类患者治疗，如重组牛碱性成纤维细胞生长因子滴眼液、动物源胰岛素注射液、蚓激酶肠溶胶囊等。第二，动物胚胎干细胞操作不涉及伦理争议，可以从各种动物胚胎干细胞中分离提取外泌体，制备外泌体药物。第三，动物干细胞比人类干细胞容易获取，且成本低。不会因从体内提取干细胞，对患者造成身体创伤和心理阴影。由于这些因素，动物干细胞外泌体药物上市后，价格会相对亲民。

为便于动物干细胞外泌体药物筛选和分离制备，可建立药用动物干细胞种质资源库。这种干细胞库，可为动物外泌体药物研发提供源源不断的干细胞种子，同时也保存了宝贵的药用动物遗传种质资源。

当然，异种干细胞外泌体药物也有缺陷。譬如，这种动物源性药物免疫原性强，患者用药后可能引发免疫排斥反应。不过由于动物干细胞资源异常丰富，可以筛选对人体免疫原性弱且疗效好的外泌体研发药物。也可以从外泌体中，分离提取一种或多种小分子量的有效成分，进行药物研发。从而克服异种干细胞外泌体药物免疫原性强的缺陷。

未来数十年内，会有多种动物干细胞外泌体药物批准上市，为某些人类重大疾病治疗提供新选择。

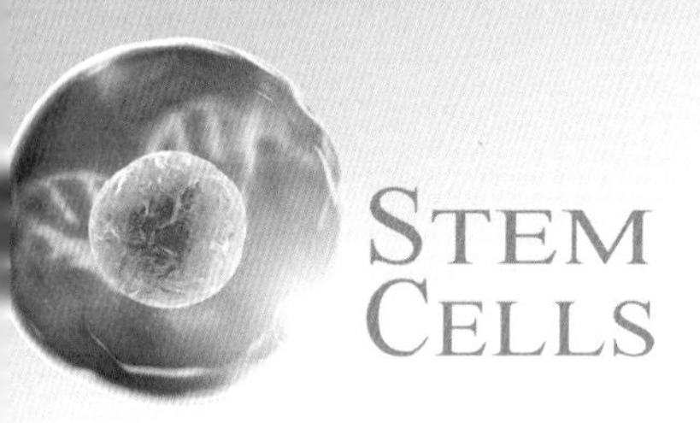

植物干细胞

2005 年，韩国、英国的科学家们合作，首次从东北紫杉（Taxus cuspidata）分生层分生组织中发现植物干细胞，并分离提取成功，此后植物干细胞研究应用在世界范围内兴起。这种干细胞广泛分布于高等植物的茎端分生组织（shoot apical apicalmeristem,SAM）、根端分生组织（root apical meristem，RAM）和侧生分生组织（lateral meristem，LM），是各组织器官的起源。植物干细胞具有人类干细胞特性，一方面通过自我复制更新维持干细胞种子持续存在，另一方面通过分裂、增殖、分化，形成不同组织类型的细胞，进而发育形成组织器官。“干细胞”概念最初是从人类干细胞发现研究中创立。“植物干细胞”是借用“人类干细胞”概念。

营养丰富的干细胞水果蔬菜

利用组织工程技术培育的植物苗称为组培苗，或试管苗。使用的是酶消化后裸露的原生质体细胞、愈伤组织细胞等植物成熟组织器官的细胞。这些已经分化成熟的体细胞，仍然保持了全能性，即再生完整植物植株的潜能，只是全能性发挥需要一定条件诱导。

在体外条件下，原生质体细胞或愈伤组织细胞经在培养容器中诱导后，其基因表达调控程序发生改变，开始分裂、增殖、分化为不同的组织器官，进而发育形成完整植株。这种植物育苗方式，便于工厂化大规模生产，但是也有缺陷。首先，裸露的原生质体细胞或愈伤组织细胞，都是来源于已经分化成熟的植物组织，细胞本身已经出现老化，必然影响试管苗的质量。其次，原生质体细胞或愈伤组织细胞需要经过一定条件诱导，才能改变其基因表达调控程序。由于人为干扰了组织细胞本来的分化发育顺序和基因表达调控程序，对试管苗质量会有一定影响。如果利用干细胞代替原生质体细胞及愈伤组织细胞，进行试管苗培育，则可以避免以上缺陷。

植物干细胞的正常发育顺序是，分裂、增殖、分化为具有特定结构和执行具体生理功能的成熟细胞。这与干细胞育苗的发育顺序和基因表达调控程序相同，有利于保证试管苗的质量。同时植物干细胞是未分化的幼稚细胞，年轻而又富有活力，生命力旺盛，能够保证试管苗的质量。至少基于以上两个因素，干细胞试管苗比原生质体细胞或愈伤组织细胞试管苗，具有更多优势，譬如植株更强壮、抵御病虫害能力更强、结出的果实口感更好、生长期更长等。

许多水果将采用植物干细胞培育试管苗，进化规模化生产，如干细胞苹果树苗、干细胞桃树苗、干细胞菠萝蜜树苗等。种植成熟后，结出营养丰富的干细胞苹果、干细胞桃、干细胞菠萝蜜等特色水果。一些蔬菜也会采用植物干细胞育苗，进行工厂化生产，大面积种植，如干细胞辣椒苗、干细胞西红柿苗、干细胞萝卜苗等。种植成熟后，结出营养丰富的干细胞辣椒、干细胞西红柿、干细胞萝卜等特色蔬菜。尤其是珍贵稀少、不方便规模化育苗、常规技术育苗容易失败的水果蔬菜，更适合干细胞育苗。

为便于干细胞育苗及幼苗遗传稳定性，可建立水果蔬菜干细胞种质资源库，即从各种水果、蔬菜中提取干细胞，建立很多干细胞系后，将不同

干细胞种子在 -196℃液氮中长期冻存。干细胞种子的好处是，生命力旺盛，不容易出现衰退，同时不同干细胞间可以通过细胞融合、细胞拆合、染色体工程等技术进行杂交，培育出高科技的水果、蔬菜新品种。

由于植物干细胞分离制备成本较人类干细胞大幅降低，可以工厂化生产，完全没有伦理限制等原因，干细胞水果蔬菜不会比普通水果蔬菜价格高得离谱，工薪阶层应该可以接受。

未来数年至数十年内，将有多种类型的干细胞水果蔬菜上市，使普通百姓有更多更好的水果蔬菜选择享用。

好喝的干细胞饮料

干细胞饮料特指植物干细胞饮料，用活的或死的植物干细胞做成的饮料。

用活细胞做饮料早有先例。乳酸菌饮料、双歧杆菌饮料，就是用乳酸菌、双歧杆菌发酵乳或乳制品并加入食品添加剂制成的饮料，里面含有单细胞状态的肠道益生菌。干细胞饮料含有单细胞状态的植物干细胞，但只要选择口感好、味道宜人、对人体有益的植物器官提取干细胞，根本不需要加入食品添加剂。

这与各种益生菌饮料完全不同。由于益生菌、乳及乳制品固有的怪味道，饮料中必须加入食品添加剂进行调味。从这个角度讲，干细胞饮料属于绿色食品，更有益于人健康。

只要干细胞来源的植物器官对人体无害，饮用含活干细胞的饮料就不用担心安全问题。事实上，人们经常进食活的植物细胞，如生吃新鲜的蔬菜水果，就会摄入大量活植物细胞。并且，新鲜蔬菜水果中的维生素、酶、蛋白质等营养成分，没有因熟食加热而遭到破坏。

在现摘水果蔬菜做成的新鲜果蔬饮料，如西瓜汁、芒果汁、芹菜汁中，就含有活的干细胞，但是数量极少，干细胞的风味和营养效果，根本体现不出来。只有鲜活干细胞数量达到一定程度,天然的蔬果香味才能散发出来。

用于制备饮料的干细胞，要从新鲜植物根、叶、花、果实等器官中分离提取。所选植物器官香味宜人、富含人体有益物质，且无有害物质。干细胞分离出来后，在体外进行传代培养，建立干细胞系，以长期储存干细胞种子，需要时进行扩增。这样可以保证干细胞来源和稳定性，使生产的干细胞饮料质量可靠。干细胞饮料企业需要建立饮料植物干细胞库，包括空间上相互独立的种子库和工作库，前者用于筛选、制备和储存干细胞种子，后者用于干细胞种子大量培养扩增，生产干细胞原料。

由于自然界中味道好、口感好的植物器官种类繁多，从中可以提取大量种类的饮料植物干细胞，并建立相应植物干细胞系。利用这些饮料植物干细胞系，可以生产种类繁多的植物干细胞饮料，如苹果干细胞饮料、芒果干细胞饮料、哈密瓜干细胞饮料等。这些干细胞饮料的原料若为活的果蔬干细胞，则能完美地体现原有果蔬风味，但产品保质期会较短，只有一两周。若为活干细胞原料，在生产过程中进行灭活，产品风味和口感可能稍差点，但保质期长达一两年。

当然，无论是活干细胞饮料，还是死干细胞饮料，都是在严格无菌条件下进行生产，生产车间需要符合 GMP 标准。

未来数年至数十年内，味道纯正、好喝的干细胞饮料会上市。由于植物干细胞分离制备成本相对不高，植物干细胞饮料价格会比普通干细胞饮料高，但不会高出很多，工薪阶层可以承受。又由于植物干细胞分离提取、纯化、储存等环节技术门槛高，植物干细胞饮料保值性好，性价比高，值得关注研发。

有效的干细胞功能食品

功能食品，又称“保健食品”（简称“保健品”），在中国港澳台地区及国外称膳食补充剂（dietary supplement）。

干细胞功能食品，顾名思义，就是以植物干细胞及其分泌的次生代谢物质为原料制备的食品。功能食品不是药品，不能用来治病。不过自古中医讲究“药食同源”，功能食品对人体还是具有保健作用。与普通功能食品相比，用可以分化形成植物体各种组织器官的干细胞制备的功能食品，保健效果更明显。

干细胞是未分化细胞，含有比普通细胞更丰富的生物活性物质，可用于补充人体营养，提高免疫力，增强抵抗疾病的能力。譬如，体外培养人参干细胞，产生的人参皂苷具有抗疲劳、抗氧化、抗肿瘤等作用，可用于增强人体免疫力。再譬如，体外培养姜黄（Curcuma longa L.）干细胞，可以生产姜黄素，具有抗氧化、抗炎症、抗肿瘤等活性，可用于预防肿瘤等疾病发生。人参皂苷、姜黄素都是植物干细胞分泌的次生代谢产物，可以与植物干细胞一起，制备干细胞功能食品。

在规模化生产功能食品前，需要首先建立功能食品干细胞资源库，包含种子库和工作库两个分库。种子库用于筛选、制备和储存植物干细胞种子；工作库用于植物干细胞种子大量培养，生产干细胞原料。功能食品生产过程中，需要严格无菌操作，遵循 GMP 标准。

自然界里，植物干细胞资源丰富。可以分别针对具体的亚健康人群，如高血压、高血脂、高血糖、血管硬化等，筛选出可以改善相应症状的植物器官，从中分离提取干细胞，进行规模化体外培养，制备功能食品。植物干细胞内含有具有药理活性的次生代谢物质，可用于增强人体生理功能，预防疾病发生。

未来数年至数十年内，各种干细胞功能食品会上市。有胶囊剂、颗粒剂、片剂、酒剂等产品类型供人们选择。干细胞功能食品将成为功能食品中的明星，为中老年人的身体健康保驾护航。

所以，干细胞是人类、动物、植物这些多细胞生物的生命之源，相关医学、药学、生物学、食品学、生态学难题，都能从中找到答案。干细胞异质性强，就像世界上没有两片树叶是完全相同的，世界上也没有两个干细胞是完全相同的。这一特点决定了干细胞产品丰富多样，并具有鲜明的个性色彩，非常适合高端私人订制。在未来个性化医疗、个性化用药中，必将扮演重要角色。同时若干年后，目前还仅是极少数人享用的珍惜昂贵的各种干细胞产品，将会逐渐降低身段，惠及普通百姓。

参考文献

[1] 王佃亮．干细胞：疾病、衰老、美容［M］．北京：人民卫生出版社，2021.

[2] 王佃亮．细胞与干细胞：临床治疗的革命［M］．北京：化学工业出版社，2019.

[3] 王佃亮．干细胞治疗现状、策略与前景展望．转化医学杂志［J］,2018,7（6）：329-333.

[4] 王佃亮，陈海佳．细胞与干细胞：神奇的生命科学［M］．北京：化学工业出版社，2017.

[5] 王佃亮．当代急诊科医师处方［M］．北京：人民卫生出版社，2016.

[6] 王佃亮．当代全科医师处方［M］．北京：人民军医出版社，2015.

[7] 王佃亮，乐卫东．生物药物与临床应用［M］．北京：人民军医出版社，2015.

[8] 王佃亮，王烈明．间充质干细胞过滤分离器的研制［J］．医疗卫生装备，2013，34（8）：27-28.

[9] 王佃亮，乐卫东．细胞移植治疗［M］．北京：人民军医出版社，2012.

[10] 王佃亮．干细胞组织工程技术：基础临床与临床应用［M］．北京：科学出版社，2011.

[11] 王佃亮，姜合作．仿生多孔微球组织工程支架及其制作方法：ZL200910243568.5［P］．2013-03-27.

[12] 王佃亮，张艳梅，孙晋伟．间充质干细胞过滤分离器及其应用：ZL201110114977.2［P］．2013-04-17.

[13] 王佃亮,张艳梅,孙晋伟. 间充质干细胞过滤分离器:ZL201120139405.5 [P]. 2012-01-11.

[14] 张艳梅，王佃亮. 再生胰腺提取物诱导人羊膜间充质干细胞定向分化为胰岛素分泌细胞 [J]. 生物工程学报，2012，28 (3): 214-221.

[15] 张珍,王佃亮. 干细胞库研究应用进展 [J]. 中国医药生物技术,2012,7 (2): 136-139，2012.

[16] ARJMAND B，TIRDAD R，MALEHI A R. Stem cell therapy for multiple sclerosis [J]. The Cochrane Database of Systematic Reviews，2018，2018 (6): CD013049.

[17] NING X，SABRINA N C，KARIM A，et al. In vitro expanded skeletal myogenic progenitors from pluripotent stem cell-derived teratomas have high engraftment capacity. Stem Cell Reports，2021，16 (12): 2900-2912.

[18] YAHYAPOUR R，FARHOOD B，GRAILY G，et al. Stem Cell Tracing Through MR Molecular Imaging [J]. Tissue Engineering and Regenerative Medicine，2018，15 (3): 249-261.

[19] SARA A G，MARIA A，BRUCE A B. Adipose Stem Cells in Regenerative Medicine: Looking Forward [J].Frontiers in Bioengineering and Biotechnology，2021，9: 837464.

[20] ZHAN Y W，QI S，MING L，et al. Correlation between the efficacy of stem cell therapy for osteonecrosis of the femoral head and cell viability [J]. BMC Musculoskeletal Disorders，2020，21: 55.

[21] JAMES W S，JOSH S，MICHAEL J S. Plant stem-cell organization and differentiation at single-cell resolution [J]. Proceedings of the National Academy of Sciences of the United States of America，2020，117 (52): 33689-33699.

[22] PENG Y Z，HUANG D H，LI S，et al. Biomaterials-induced stem cells specific differentiation into intervertebral disc lineage cells [J]. Frontiers in Bioengineering and Biotechnology，2020，8: 56.

[23] SRISHTI A，CHANDNI S，MIRUN O，et al. Plant stem cells and their applications：special emphasis on their marketed products [J] . 3 Biotech，2020，10 (7)：291.

[24] GELE L，BRIAN T D，MATTHEW T，et al. Advances in Pluripotent Stem Cells：History，Mechanisms，Technologies，and Applications. Stem Cell Reviews and Reports [J]，2020，16(1)：3-32.

[25] RISA S，RYOICHIRO K. Regulation of active and quiescent somatic stem cells by Notch signaling [J] . Development Growth & Differentiation，2020，62 (1)：59-66.

[26] RUI G，MASATOSHI M，TIAN F，et al. Stem cell-derived cell sheet transplantation for heart tissue repair in myocardial infarction [J] . Stem Cell Research & Therapy，2020，11：19.

[27] CUI T T，LI Z K，ZHOU Q，et al. Current advances in haploid stem cells [J] . Protein Cell，2020，11 (1)：23-33.

[28] YH H，SIMON M F. Microenvironmental contributions to hematopoietic stem cell aging [J] . Haematologica，2020，105 (1)：38-46.

[29] HANS M，BORIS P，TAO F，et al. The evolutionary trajectory of root stem cells. Current Opinion in Plant Biology，2020，53：23-30.

[30] ANNA M J，NIKOLA A W，ANDRZEJ M，et al. The role of TRIM family proteins in the regulation of cancer stem cell self - renewal [J] . Stem Cells，2020，38 (2)：165-173.

[31] BANG OY，KIM EH. Mesenchymal Stem Cell-Derived Extracellular Vesicle Therapy for Stroke：Challenges and Progress [J] . Frontiers Neurology，2019，10：211.

[32] ATTWOOD S W，EDEL M J. iPS-Cell Technology and the Problem of Genetic Instability—Can It Ever Be Safe for Clinical Use? [J] . Journal Clinical Medicine，2019，8 (3)：288.

[33] NAKAO M，INANAGA D，NAGASE K，et al. Characteristic differences of cell sheets composed of mesenchymal stem cells with

different tissue origins [J] . Regenerative Therapy，2019，11：34-40.
[34] ZAKRZEWSKI W，DOBRZYNSKI M，SZYMONIWICZ M，et al. Stem cells：past，present，and future [J] . Stem Cell Research Therapy，2019，10：68.
[35] BHAT M，SHETTY P，SHETTY S，et al. Stem Cells and Their Application in Dentistry：A Review [J] . Journal Pharmacy Bioallied Sciences，2019，11 (Suppl 2)：S82-S84.
[36] GAO W，CHEN D，LIU G，et al. Autologous stem cell therapy for peripheral arterial disease：a systematic review and meta-analysis of randomized controlled trials [J] . Stem Cell Research Therapy，2019，10：140.
[37] WELSCH C A，RUST W L，CSETE M. Concise Review：Lessons Learned from Islet Transplant Clinical Trials in Developing Stem Cell Therapies for Type 1 Diabetes [J] . Stem Cells Translational Medicine，2019，8 (3)：209-214.
[38] KIM H，KIM Y，PARK J，et al. Recent Advances in Engineered Stem Cell-Derived Cell Sheets for Tissue Regeneration [J] . Polymers (Basel)，2019，11 (2)：209.
[39] FRANCIS E，KEARNEY L，CLOVER J. The effects of stem cells on burn wounds：a review [J] . International Journal of Burns Trauma，2019，9 (1)：1-12.
[40] Datao W，Debbie B，Hengxing B，et al. Deer antler stem cells are a novel type of cells that sustain full regeneration of a mammalian organ—deer antler. Cell Death & Disease，2019，10 (6)：443.
[41] SUJEONG J，JINSU H，HAN-SEONG J. The Role of Histone Acetylation in Mesenchymal Stem Cell Differentiation [J] . Chonnam Medical Journal，2022，58 (1)：6-12.
[42] LIU B，DING F X，HU D，et al. Human umbilical cord mesenchymal stem cell conditioned medium attenuates renal fibrosis by reducing

inflammation and epithelial-to-mesenchymal transition via the TLR4/ NF-κB signaling pathway in vivo and in vitro [J] . Stem Cell Research and Therapy，2018，9：7.

[43] CHOE G，PARK J，PARK H，et al. Hydrogel Biomaterials for Stem Cell Microencapsulation [J] . Polymers (Basel) . 2018，10 (9)：997.

[44] WANG H，YAN X，JIANG Y X，et al. The human umbilical cord stem cells improve the viability of OA degenerated chondrocytes [J] . Molecular Medicine Reports，2018，17 (3)：4474-4482.

[45] ZHAO J，YU G Y，CAI M X，et al. Bibliometric analysis of global scientific activity on umbilical cord mesenchymal stem cells：a swiftly expanding and shifting focus [J] . Stem Cell Research and Therapy，2018，9：32.

[46] DONG L Y，PU Y，ZHANG L，et al. Human umbilical cord mesenchymal stem cell-derived extracellular vesicles promote lung adenocarcinoma growth by transferring miR-410 [J] . Cell Death Disease，2018，9 (2)：218.

[47] MENG M Y，YLING Y，WANG W J，et al. Umbilical cord mesenchymal stem cell transplantation in the treatment of multiple sclerosis [J] . American Journal of Translational Research，2018，10 (1)：212-223.

[48] EDITH P J，COLLEEN D，PHILIP N B. Regulation of Division and Differentiation of Plant Stem Cells [J] . Annual Review of Cell and Developmental Biologyl，2018，34：289-310.

[49] FREDDIE B，JACQUES F，ISABELLE S，et al. Global Cancer Statistics 2018：GLOBOCAN Estimates of Incidence and Mortality Worldwide for 36 Cancers in 185 Countries [J] . CA：A Cancer Journal for Clinicians，2018，0：1-31.

[50] CHAI L，BAI L，Li L，et al.Biological functions of lung cancer cells are suppressed in co-culture with mesenchymal stem cells isolated from

umbilical cord [J] . Experimental and Therapeutic Medicine，2018，15 (1): 1076-1080.

[51] Le Q,Xu J,Deng S X. The diagnosis of limbal stem cell deficiency [J]. Ocular Surface，2018，16 (1): 58-69.

[52] SHAWN F S，MERCEDES F P，ARANTXA C S，et al. Human hippocampal neurogenesis drops sharply in children to undetectable levels in adults [J] . Nature，2018，555 (7696): 377-381.

[53] JIAN Z，LV S，LIU X J，et al. Umbilical cord mesenchymal stem cell treatment for crohn's disease: a randomized controlled clinical trial [J] . Gut and Liver，2018，12 (1): 73-78.

[54] SEDIGHEH M，BAGHER L，ABBAS A K，et al. Safety and efficacy of hematopoietic and mesanchymal stem cell therapy for treatment of T1DM: a systematic review and meta-analysis protocol [J] . Systematic Reviews，2018，7: 23.

[55] JORDAN P. The limited application of stem cells in medicine: a review [J] . Stem Cell Research Therapy，2018，9: 1.

[56] XU T K，ZHANG Y Y，CHANG P Y，et al. Mesenchymal stem cell-based therapy for radiation-induced lung injury [J] . Stem Cell Research Therapy，2018，9: 18.

[57] URVASHI K，UPMA B，ARUNA R. Immunomodulatory plasticity of mesenchymal stem cells: a potential key to successful solid organ transplantation [J] . Journal of Translational Medicine，2018，16: 31.

[58] VLADISLAV V，BOJANA S M，MARIN G，et al. Ethical and Safety Issues of Stem Cell-Based Therapy [J] . International Journal of Molecular Sciences，2018，15 (1): 36-45.

[59] WESTON N M，SUN D. The Potential of Stem Cells in Treatment of Traumatic Brain Injury [J] . Current Neurology and Neuroscience Reports，2018，18 (1): 1.

[60] YUKO T，ATSUSHI H. The Role of Nutrients in Maintaining

Hematopoietic Stem Cells and Healthy Hematopoiesis for Life [J] . International Journal of Molecular Sciences，2022，23 (3): 1574.

[61] FLEIFEL D，RAHMOON M A，ALOKDA A，et al. Recent advances in stem cells therapy：A focus on cancer，Parkinson's and Alzheimer's [J] . Journal of Genetic Engineering Biotechnology，2018，16 (2): 427-432.

[62] ZHANG G Y，YIN X G，ZHANG J H，et al. Clinical observation of umbilical cord mesenchymal stem cell treatment of severe idiopathic pulmonary fibrosis：A case report [J] . Experimental and Therapeutic Medicine，2017，13 (5): 1922-1926.

[63] FUKUOKA H，NARITA K，SUGA H. Hair Regeneration Therapy：Application of Adipose-Derived Stem Cells [J] . Current Stem Cell Research &Therapy，2017，12 (7): 531-534.

[64] NICOLE P Y H，HITOSHI T. Inflammation Regulates Haematopoietic Stem Cells and Their Niche [J] . International Journal of Molecular Sciences，2022，23 (3): 1125.

[65] HAMZE T，KARIM S，ALIAKBAR M，et al. The effect of mesenchymal stem cell-derived extracellular vesicles on hematopoietic stem cells fate [J] . Advanced Pharmaceutical Bulletin，2017，7 (4): 531-546.

[66] RYUJI M，TOMOYA M，JOSEPH V B. Concise Reviews：Kidney Generation with Human Pluripotent Stem Cells [J] . Stem Cells，2017，35 (11): 2209-2217.

[67] WILLIE L，YOGI C Y H，MAO-T L，et al. Human Umbilical Cord Mesenchymal Stem Cells Preserve Adult Newborn Neurons and Reduce Neurological Injury after Cerebral Ischemia by Reducing the Number of Hypertrophic Microglia/Macrophages [J] . Cell Transplant，2017，26 (11): 1798-1810.

[68] XIANG L，YANG Y，ZHEN Y，et al. Chemical reprogramming：the CiPSCs and the CiNs [J] . National Science Review，2017，4 (1): 7-10.

[69] PETER W M，CELIA M W，ROBERT M C. Clarifying Stem-Cell Therapy's Benefits and Risks [J] . The New England Journal of Medicine，2017，376：1007-1009.

[70] TAKUMI T，AKIKO T，YUMIKO O. Oct4B，CD90，and CD73 are upregulated in bladder tissue following electro-resection of the bladder [J] . Journal of Stem Cells & Regenerative Medicine，2016，12（1）：10-15.

[71] PHILIPPE H. Bone transplantation and tissue engineering，part IV. Mesenchymal stem cells：history in orthopedic surgery from Cohnheim and Goujon to the Nobel Prize of Yamanaka [J] . International Orthopaedics，2015，39（4）：807-817.

[72] ZHU S F，HE H B. Human umbilical cord mesenchymal stem cell transplantation restores damaged ovaries [J] . Journal of Cellular and Molecular Medicine，2015，19（9）：2108-2117.

[73] OBOKATA H，SASAI Y，NIWA H，et al. Bidirectional developmental potential in reprogrammed cells with acquired pluripotency [J] . Nature，2014，505：641-647.

[74] QIAN Y X，SHU Q，CAI H X，et al. Surface marker changes in human umbilical cord-derived mesenchymal stem cells after cryopreservation and resuscitation [J] . Journal of Clinical Rehabilitative Tissue Engineering Research，2011，15（1）：187-190.

[75] FERGUSON B A，DREISBACH T A，PARKS C G，et al. Coarse-scale population structure of pathogenic Armillaria species in a mixed-conifer forest in the Blue Mountains of northeast Oregon [J] . Canadian Journal of Forest Research，2003，33：612-623.

[76] HAYFLICK L，MOORHEAD P S. The serial cultivation of human diploid cell strains [J] . Experimental Cell Research，1961，25：585-621.

[77] CARLA V，ELISABETTA L，FRANCESCO D，et al. Modified

mesenchymal stem cells in cancer therapy: A smart weapon requiring upgrades for wider clinical applications [J] . World Journal of Stem Cells, 2022, 14 (1): 54-75.

[78] WANG D L, CHEN H J. Cells and Stem Cells: The Myth of Life Sciences [M] .Singapore: World Scientific Publishing Co Pte Ltd, 2022.

后　记

本书在撰写过程中，获得了一些院士、专家、学者的大力支持，他们是中国科学院院士、中国医学科学院学部委员、美国国家发明家科学院院士、博士生导师苏国辉教授，中国工程院院士、温州医科大学校长、博士生导师李校堃教授，四川省人民医院神经病学研究所所长乐卫东教授，清华大学前沿高分子研究中心主任、博士生导师危岩教授。吉林大学刘晋宇教授、军事科学院军事医学研究院陈昭烈研究员慷慨提供了相关图片。在本书付梓之际，对于院士、专家、学者、朋友们的真诚推荐、鼎力支持，表示由衷感谢。由于时间仓促和著者水平所限，本书错误在所难免，希望各位专家、读者朋友们不吝指正，再版时将予以修订。